JN080988

Textbook for Astronomy-Space Test

天文宇宙検定

公式テキスト
―――― 銀河博士 ――――

天文宇宙検定委員会 編

2級

2021〜2022年

恒星社厚生閣

天文宇宙検定 とは

　科学は本来楽しいものです。楽しさは、意外性、物語性、関係性、歴史性、予言力、洞察力、発展性などが、具体的なものを通じて語られる必要があります。そして何よりも、それを伝える人が楽しまなければなりません。人と人が接し合って伝え合うことの大切さを見直してみる必要があるでしょう。

　宇宙とか天文は、科学をけん引していく重要な分野です。天文宇宙検定は、単に知識の有無を検定するのではなく、「楽しく」、「広がりを持つ」、「考えることを通じて何らかの行動を起こすきっかけをつくる」検定でありたいと願っています。

　個人の楽しみだけに閉じず、多くの市民に広がり、生きた科学に生身で接する検定を目指しておりますので、みなさまのご支援をよろしくお願いいたします。

総合研究大学院大学名誉教授

池内　了

Textbook for Astronomy · Space Test

天文宇宙検定

CONTENTS

天文宇宙検定公式テキスト2級　2021〜2022年版　正誤表

本書の記述に誤りがございました。お詫びして訂正いたします。

頁	箇所	誤	正
120	A1 5行目	**水鳥**の戦いの最中に起こった	**水島**の戦いの最中に起こった

2021/8/27

9 人類の宇宙進出と宇宙工学

10 宇宙における生命

1章

宇宙七不思議

© 池下章裕

©NASA/CXC

はくちょう座Ｘ−1のブラックホールは、太陽の
約10倍の質量をもった典型的なブラックホール
だ。伴星の外層大気を引きずり出し、吸い込む
ガスが超高温になって、強いＸ線を放出している。
右上はチャンドラＸ線衛星で撮影した画像。白
いほどＸ線が強い。

ブラックホール天体アラカルト

ブラックホールは真っ黒くて見えない、ブラックホールは何でも吸い込む、これがブラックホールの"常識"だろう。ところが実際に発見されているブラックホールは、しばしば光り輝いているし、高温のプラズマガスを吹き出している（プラズマジェット）。ブラックホールは"非常識"なのだ。さらに闇夜のカラスも背後から光で照らせばシルエットが見えるように、ブラックホールシャドウと呼ばれる影絵が観測された。これがブラックホールの"超常識"である。例外もあるが、ほとんどの銀河の中心には、太陽質量の10^5から10^{10}倍程度の超大質量ブラックホールが存在していると考えられている（☞6章コラム）。活発に活動しているブラックホールを有する銀河は、活動銀河と呼ばれ、光速に近い速度のプラズマ粒子をジェット状に吹き出しているものもある。

いて座A*

銀河系の中心領域の合成画像。青色は大規模電波干渉計VLAで撮像した電波画像で、紫色はチャンドラX線衛星で撮像したX線画像。電波で見えているものは銀河系中心近傍の低温ガスで、銀河系中心へ落ち込みつつあるようにもみえる。X線で見えているものは非常に高温のガスで、銀河系中心から吹き出しているジェット状の構造もある。銀河系中心には太陽の約400万倍の質量をもつ巨大ブラックホールがある。©NASA/CXC/UCLA/NRAO/VLA

わし座の特異星 SS433

大型電波干渉計VLAで撮像したSS433の電波画像。左右に、ねじのような形でジェットが噴出していることがわかる。特星SS433は、約10太陽質量のブラックホールと青色超巨星（☞用語集）が、約13.1日の周期で公転している連星。ブラックホールの周辺には高温ガス円盤が形成されていて、円盤から垂直方向に2本の高温プラズマジェットが吹き出している。さらに、ガス円盤は約162日の周期で、ゆっくりと歳差運動しており、その歳差運動に伴って、ジェットの吹き出す方向も変化する。ジェットのガス塊自体は直線的に飛んでいるが、ある瞬間のスナップショットを見ると、電波画像のようにコルク抜きのようなパターンに見える。このSS433ジェットの速度は、なんと光速の26%にものぼることがわかっている。©NRAO/VLA

銀河の中でも非常に明るい銀河の核

活動銀河中心核AGN
(Active Galactic Nuclei)

- クェーサー（遠方にあって非常に明るい）
  - 電波が強い
  - 電波が弱い
- セイファート銀河（近傍にある。クェーサーより暗い。電波が弱い）
  - I型 スペクトルを見ると広がった成分が見られる
  - II型 スペクトルを見ると広がった成分が見られない
- 電波銀河（近傍にある。クェーサーより暗い。電波が強い）
  - I型 スペクトルを見ると広がった成分が見られる
  - II型 スペクトルを見ると広がった成分が見られない

アンテナ銀河と
超光度 X 線源 ULX

アンテナ銀河 NGC 4038-4039（右）と、その中心領域（左）。右は可視光の写真で、左はチャンドラ X 線衛星が撮像した X 線画像。アンテナ銀河は、からす座で約 6000 万光年の距離にあり、可視光の写真でわかるように 2 つの渦巻銀河が衝突中で、それぞれの銀河から流された尾がまるでアンテナ（昆虫の触覚）のように見える。一方、X 線画像で白く光る点は、超光度 X 線源 ULX と呼ばれる天体。おそらくこれら ULX すべてが、ガスを吸い込みながら光っているブラックホール天体と考えられる。それらの質量については、太陽の 10 倍程度なのか、数百倍から数千倍もあるのか、いまだ決着していない。
左：©Star Shadows Remote Observatory and PROMPT/CTIO/NASA/CXC
右：©NASA

EHT が世界で初めて撮影に成功した
ブラックホールシャドウ

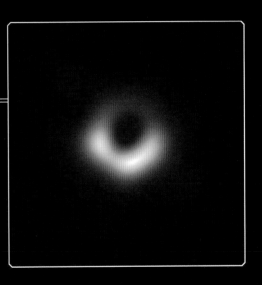

イベント・ホライズン・テレスコープ（EHT）が観測した、おとめ座銀河団の中心にある巨大楕円銀河 M 87 のさらに中心にある超大質量ブラックホールのブラックホールシャドウ。ブラックホールが周辺の光を曲げる効果によって明るいリングの内側に真っ暗な「影」の領域ができる。ブラックホールから光さえも逃げ出すことができなくなる「事象の地平面」はこの影の内側にある。このデータから、M 87 のブラックホールの質量は太陽の 65 億倍と見積もられた。リングの形状からブラックホール周囲の構造がわかる。M 87 は光速に近いスピードで超高エネルギーの粒子を中心から噴出するジェットをもつことが知られており、そのしくみを解明する手がかりになるかもしれない。© EHT Collaboration

クェーサー 3C353

クェーサー 3C353 の合成画像。オレンジ色は大規模電波干渉計 VLA で撮像した電波画像で、紫色はチャンドラ X 線衛星で撮像した X 線画像。この画像では、電波で見えているものは、クェーサー 3C353 の左右に広がる比較的エネルギーの高いガスで、シンクロトロン放射（☞用語集）で電波を放出している。X 線で見えているものは、非常に高エネルギーのガスで、クェーサー中心から左右の双方向にジェット状に吹き出し、電波の広がりを形成している。
©NASA/CXC/TIT/NRAO/VLA

1章 1節 宇宙のはじまりの前はどうなっていた?

ポイント 宇宙は約138億年前に、非常に小さな高温で高圧の火の玉状態で誕生した。宇宙は誕生以来ずっと膨張し続けていて、その長い長い年月の間に、星々や太陽系や生命を生み出し、現在ではほぼ無限に広がっている。時間と空間も宇宙誕生と同時に存在するようになったので、宇宙のはじまりの前というもの自体がない。

▶ 10万倍ごとアップ

10m:大きな生物
10^6m:日本の長さ
1.5×10^{11}m
 ＝1au（天文単位）
 :地球軌道の大きさ
0.95×10^{16}m
 ＝1光年:星々の間隔
10万光年:天の川銀河
100億光年:観測できる宇宙

1 宇宙とその広がり

　宇宙は、実に様々なもので満ち溢れている。身の周りの世界の事物は原子や分子と呼ばれる非常に微小な粒子が大量に組み合わさってできている。そして非常に大量の物質が集まって、惑星や太陽のような星々を形作っている（☞2章、3章、4章、5章）。太陽のような星々が何千億個も集まって銀河と呼ばれる巨大な天体になっている（☞6章）。そのような銀河が宇宙全体に何千億個も散らばって分布している（☞7章）。さらにダークマター（暗黒物質）やダークエネルギー（☞7章）と呼ばれる、謎に包まれた存在もあることがわかっている。宇宙には、様々なスケールで様々な天体が存在し、相互に関連しつつ複雑な階層構造をなしているのだ。

ここはどこ?

我々を取り巻く世界は、原子・分子のサイズから、地球サイズ、さらに宇宙サイズまで、様々な階層にわたって広がっている。その中で我々の立ち位置を考えてみよう。

10^{26}m：約100億光年　10^{24}m：約1億光年　10^{22}m：約100万光年

天の川銀河

大マゼラン雲
天の川銀河
小マゼラン雲

10^{-8}m：10nm　10^{-6}m：1μm　10^{-4}m：100μm　10^{-2}m：1cm　10^0m：1m

DNA（デオキシリボ核酸）

ミトコンドリア

ゾウリムシ

鉱石の結晶

人の身長

図表 1-1　100倍ずつスケールアップしていくと……

図表 1-2　宇宙の階層構造

サイズ	典型的な物体・天体
10^{-10}m（1Å）	水素原子の半径（5×10^{-11}m）、水分子の原子間距離（〜 1Å）
10^{-8}m（10nm）	ウイルス、有機分子、C60
10^{-6}m（1 μm）	赤血球（〜 7.5 μm）、ミトコンドリア（〜 1 μm）など
10^{-4}m（0.1mm）	ゾウリムシ（〜 3×10^{-4}m）
10^{-2}m（1cm）	センチサイズ：岩石、鉱物、雪の結晶
1m	ヒトサイズ：ここでやっと人の大きさだ
10^{2}m	建物サイズ：野辺山電波望遠鏡の口径（45m）
10^{4}m	山サイズ：富士山（＝標高 3776m）、日本海溝、中性子星（☞ 5章）
10^{6}m	地球サイズ：地球（＝半径約 6378km）、白色矮星（☞ 5章）
10^{8}m	星サイズ：太陽（＝半径約 70 万 km）
10^{10}m	天文単位スケール：太陽と地球の距離（＝ 1 天文単位＝ 15×10^{10}m）
10^{12}m	太陽系サイズ：冥王星の軌道半径（〜 40 天文単位＝ 6×10^{12}m）
10^{14}m	太陽系外縁サイズ：エッジワース・カイパーベルト、オールトの雲
10^{16}m（〜 1 光年）	星間スケール：星々の平均的間隔（〜 1 光年＝ 9.46×10^{15}m）
10^{18}m（100 光年）	星団サイズ：巨大分子雲、星団（数光年〜 10 光年）
10^{20}m（1 万光年）	銀河サイズ：天の川銀河（〜 10 万光年）
10^{22}m（100 万光年）	銀河団サイズ：銀河団
10^{24}m	（1 億光年）大規模構造サイズ
10^{26}m	（100 億光年）宇宙サイズ：観測できる宇宙サイズ

地球

太陽と黒点 ©Science Source/PPS 通信社

▶ **長さの単位**
1Å（オングストローム）＝ 10^{-10}m
1nm（ナノメートル）＝ 10^{-9}m
1μm（マイクロメートル）＝ 10^{-6}m

子持ち銀河 M 51
©S.Beckwith（STScI）Hubble HeritaGe Team,（STScI/AURA）, ESA, NASA

こと座環状星雲
© 提供：兵庫県立大学西はりま天文台

10^{20}m：約 1 万光年 天の川銀河
10^{18}m：約 100 光年 太陽系の近くの星たち
10^{16}m：約 1 光年 太陽系の周辺
10^{14}m：1000 億km 冥王星の軌道
10^{12}m：10 億km 木星・火星・地球・金星・水星の軌道

10^{2}m：100m 野辺山の電波望遠鏡 ©国立天文台
10^{4}m：10 km 富士山
10^{6}m：1000 km 台風の渦
10^{8}m：10 万km 地球
10^{10}m：1000 万km 地球と月

ビッグバンの命名
膨張宇宙論が提唱された1946年当時は、まだ観測的証拠は少なく、膨張宇宙論と（宇宙が変化しないとする）定常宇宙論が対立していた。後者を提唱していたフレッド・ホイル（1915〜2001）が膨張宇宙論を揶揄して"ビッグバン（大爆発）"と呼んだのがはじまり。定常宇宙論は棄却されたが、ビッグバンという名前は残った。

▶ **インフレーション**
☞用語集

プラスワン

インフレーションの命名
ビッグバン宇宙のごく初期に宇宙が指数関数的に膨張したとする宇宙開闢時のモデルは、1981年、佐藤勝彦（1945〜）とアラン・グース（1947〜）が独立に提唱した。その際、グースが経済用語のインフレーションから転用した名前。

▶ **温度の単位**
本書では基本的に絶対温度[K]を用いる。摂氏温度[℃]との関係は、
0K＝ -273.15℃となる。
なお、単位記号は通常は立体のアルファベットで表すが、摂氏記号（℃）の左肩に○がついているのは、電荷の単位のクーロン（C）と区別するため。

攻略ポイント
様々な空間スケールや時間スケールを掴んでみよう。

宇宙に果てがあるのかないのか、宇宙は有限なのか無限なのか、まだ完全には解明されていない。現在の有力な考えとしては、宇宙には果てはなく、宇宙は無限に広がっているようだ。ただし、光の速さは有限なので、観測できる宇宙は有限（宇宙の膨張を考慮すると約450億光年ぐらい）である。

② 宇宙の誕生とビッグバン膨張

大昔から人々は宇宙（世界）という概念はもっていた。しかし、ほんの100年ほど前までは天界（宇宙）は静かで不変なものだと信じられていた。そして新しい星が急に輝き始めたりすると（☞5章）、天空を乱すものと思われて、不吉な徴とされたりした。

しかし観測技術が進んで宇宙に散らばっている銀河の振舞いが調べられるようになると、多くの銀河がお互いに遠ざかるように運動していることがわかり、宇宙全体が膨張している事実が発見された（☞7章）。よくたとえられるのは、ゴム風船の表面に銀河が散らばっていて、風船を膨らませると銀河同士が離れていくイメージだろう。

図表 1-3 宇宙の膨張：左右が時間軸で、時間軸に直交方向が空間のイメージ。時間軸の左端が宇宙の誕生で、右端が現在の宇宙。

ところで、宇宙全体が膨張しているということは、映画のフィルムを逆回しにするように過去に遡って考えると、宇宙はどんどん小さくなり1点にまでなるだろうと想像できる。現在の宇宙に存在するあらゆる物質が1点にまで凝縮されるのだから、さぞ、高温で高圧の状態だったに違いない。これを**ビッグバン**と呼んでいる。宇宙は高温高圧のビッグバンではじまり、現在まで膨張し続けているのだ。最近の詳細な観測から、宇宙の誕生は約138億年前だったことがわかっている。

では、宇宙の誕生の"前"はどうなっていたのだろうか。宇宙のはじまりの前には何があったのだろうか。

図表 1-4　宇宙の歴史

時間	サイズ比	大きさ	温度	主な出来事
0	0	0	∞	無からの宇宙（時空）の誕生
				インフレーションの開始
プランク時間＝$\sqrt{Gh/c^5}$				時空の量子的ゆらぎの終わり
10^{-44} 秒	10^{-33}	10^{-3}cm	10^{32}K	重力が誕生する
10^{-11} 秒	10^{-15}	100au	10^{15}K	電子が誕生する
10 秒	10^{-10}		30 億 K	電子・陽電子が対消滅して光になる
100 秒	10^{-8}	10^3 光年	10 億 K	元素合成の始まり（He、D（重水素）、Li など）
1 万年	10^{-4}			輻射の時代の終わり＆物質の時代の始まり
38 万年	10^{-3}	1 億光年	3000K	陽子と電子が結合し水素原子ができる
				（宇宙の晴れ上がり）
2 億年				最初の天体の形成と宇宙の再電離
10 億年	0.25			クェーサー形成
30 億年				銀河ができる
90 億年	0.75			太陽と地球の誕生（約 46 億年前）
100 億年頃				生命が発生する（約 38 億年前）
				人類の誕生（約 100 万年前）
190 億年頃				太陽の赤色巨星化（約 50 億年後）
1 兆年頃				銀河の老齢化
100 兆年頃				星が燃え尽きる
10^{100} 年頃				ブラックホールの蒸発

宇宙の内容物

現在の宇宙には、原子や分子などからなる通常物質（バリオン物質）（約 5%）以外に、ダークマター（約 27%）やダークエネルギー（約 68%）と呼ばれる謎の存在があることがわかっている（7 章 4 節）。

通常物質 5%
ダークマター 27%
ダークエネルギー 68%

プラスワン

基礎物理定数

光速 c（＝ 3×10^8m/s）、万有引力定数 G（＝ 6.67×10^{-11} N・m²/kg²）、プランク定数 h（＝ 6.62×10^{-34}J・s）など、我々の宇宙の物理状態に関わる基本的な定数。

プラスワン

プランクスケール

我々の宇宙を織りなす時空構造の基本的な単位（スケール）。例えば、光速 c、万有引力定数 G、プランク定数 h からは、唯一、時間の単位をもった物理量として、

$$\sqrt{Gh/c^5}$$

を組み立てることができ、プランク時間と呼ばれる。具体的な数値を入れると、10^{-44} 秒ぐらいになる。プランク時間よりも短い時間刻みは物理的意味がなく、宇宙の最初も、プランク時間より前は物理的議論ができない。同様にして、唯一、長さの単位をもった量として、

$$\sqrt{Gh/c^3}$$

ができて、プランク長さと呼ばれる。具体的には 10^{-35} m ぐらいになる。プランク長さより狭い領域は現在の物理学で考えても意味をなさない。

これは実は大変に難しい質問で、現在でも解決していない。1 つの考えとしては、時間や空間というもの自体が宇宙の誕生と同時に存在するようになったので、宇宙の誕生の"前"そのものがなかった（あるいは"無"があった）、とするものだ。ただし、その"無"というものが何であったのか、"無"からどうして宇宙が誕生したのかなど、根本的な謎は残っている。

❸ 宇宙の未来

　もし宇宙が永遠に膨張していくとして、そのような宇宙の未来はどうなるのだろうか。宇宙の行く末について、かいつまんで紹介しておこう。

　地球と太陽の未来：いまから約 50 億年ぐらい後、太陽の中心部では水素が燃え尽き、太陽は膨張して赤色巨星になる（☞ 5 章）。膨らんだ太陽に地球がのみ込まれるかどうかははっきりわからない。

　星々の未来：星の材料となるガスが枯渇し、やがて新しい星も生まれなくなる。おそらく 10 兆年から 100 兆年ぐらいの未来、最後の星の光が消え、宇宙には闇の帳（とばり）が下りるだろう。

　物質とブラックホールの未来：永遠と思えるはるかな未来、宇宙には物質（陽子や電子）でできた暗黒矮星や、物質と出会えなくなった迷走光子、そしてブラックホールなどが残されているだろう。そして、10^{31} 年ぐらいのはるかな未来に、陽子が崩壊すると考えられている。さらに 10^{100} 年先には、最後の天体、ブラックホールでさえ蒸発してしまうと考えられている。

1章 2節 ブラックホールに落ちるとどうなるか?

ポイント この広い宇宙には、様々な天体が存在していて、それらの中には常識では考えられないような奇妙奇天烈な天体もある。ブラックホールもそのひとつだ。ブラックホールは、きわめて強い重力によって周囲の空間さえ歪めてしまった天体で、その内部にいったん入ってしまうと、物質はおろか光でさえ逃れることができない。

▶ **重力（万有引力）**
☞用語集

▶ **事象の地平面** ☞用語集

プラスワン

シュバルツシルト半径
球対称なブラックホールの境界面の半径をシュバルツシルト半径と呼ぶ。光速を c、万有引力定数を G、そしてブラックホールの質量を Mとすると、シュバルツシルト半径 R は、

$$R = \frac{2GM}{c^2}$$

という簡単な式で表される。たとえば、太陽の質量（2×10^{30}kg）をもつブラックホールの半径は、約3km になる。

1 強い重力が光でさえ吸い込む天体

重さのある物質は周りの物質を引きつける性質があって、その性質は**万有引力**とか**重力**と呼ばれている。そして物質がたくさん集まれば集まるほど、重力は強くなる。たとえば、人に比べると車やビルはとても重たいはずだが、車やビルの重力はほとんど感じない。しかし非常に大量の岩石や金属が集まってできた地球は、その重力で地表の物体や人間を引きつけているため、我々は地面の下の方に向かって引きつけられている。一方、地球に比べて小さくて物質の量が少ない月は、地球より重力も弱いので、月面上では宇宙飛行士は飛び跳ねるように歩くことになる。逆に、地球よりもはるかに大量の物質が集まってできている太陽は、地球より重力がはるかに強く、周囲の惑星をその周りに従えているぐらいだ。

もし大量の物質が非常に狭い範囲に凝集すると、重力はどんどん強くなるだろう。そしてついには光でさえ逃れることができなくなってしまった天体が**ブラックホール**だ。ブラックホールは、（その内側からは光が脱出できなくなる）**事象の地平面**と呼ばれる球状の境界面で囲まれている。

図表 1-5 球対称なシュバルツシルト・ブラックホールの構造。
このタイプのブラックホールを表す解を初めて求めたのがカール・シュバルツシルト（1873 ～ 1916）である。

2 ブラックホールに落ちるとき

この事象の地平面が、いわばブラックホールの"表面"だが、地球の表面と異なって、事象の地平面のところに明瞭な境界があるわけではない。

たとえば、河を滝に向かって流されている状況を思い浮かべてみよう。水の中に沈んで流されている人にとっては、どの場所でも周囲は水（空間）であって、どこからが滝（事象の地平面）だという標識があるわけではない。後戻りできなくなっているのに気づいたときには時すでに遅く、滝壺（特異点）にまっ逆さまに落ち込むのみである。ただし、実際には、ブラックホールの強い重力作用によって、たいていの物体は粉々に砕かれ、素粒子サイズまで分解されてしまうはずだ。

さて、ブラックホールの内部に入ると、ますます重力は強くなり、その中心では無限に圧縮されてしまうだろう。中心は**特異点**と呼ばれていて、きわめて奇妙な状態になっているはずだが、宇宙のはじまりと同様に、いまの科学では未解決の謎の場所になっている。なお、ブラックホールの内部に落ち込んだ物質は、何らかの状態でブラックホールの内部に留まり、その質量を増加させていると考えられる。

図表 1-6 シュバルツシルト滝

プラスワン

黒洞
漢字だけの国、中国では、ブラックホールのことを"黒洞"と訳している。なかなかの妙訳である。

▶ **はくちょう座 X-1**
　☞用語集

▶ **ブラックホールの種類**
ブラックホールは、質量以外に、電荷と角運動量（自転の度合いを表す物理量）をもつことが可能で、それらの組み合わせによって、4種類のタイプが存在する。すなわち、電荷も自転もない最も単純な球対称のシュバルツシルト・ブラックホール、電荷をもつ球対称なライスナー＝ノルドシュトルム・ブラックホール、自転している軸対称なカー・ブラックホール、そして電荷をもち自転しているカー＝ニューマン・ブラックホールである。

3 ブラックホールの質量分布

ブラックホールには、太陽の 10 倍程度の質量をもった**恒星質量ブラックホール**と、太陽の数百万倍から数十億倍もの質量をもった**超大質量ブラックホール**があることが観測的にわかっている。その間の質量範囲にはブラックホールの存在は明らかではなく（太陽の数千万倍から数万倍程度の中間質量ブラックホールの示唆はあるが）、**ブラックホール砂漠**と呼ばれている。

一方、ブラックホールの合体で生じた重力波イベント GW150914 以来、合体前後のブラックホールの質量は、予想よりかなり"重かった"。理論的には、星の進化によって 10 太陽質量程度のブラックホールは形成されるが、30 太陽質量のブラックホールをつくるのは非常に難しいという問題がある。

図表 1-7 ブラックホールの質量分布（© 榎戸輝揚）。横軸は太陽質量を単位とするブラックホールの質量、縦軸は各質量で発見されている個数を対数スケールで表す。10 太陽質量前後（恒星質量ブラックホール）と 10^6 から 10^{10} 太陽質量程度（超大質量ブラックホール）にピークがあることがわかる。

図表 1-8 死んだ星たちの質量分布（太陽質量単位）（@LIGO-Virgo）。従来の X 線観測で発見されていたものは、中性子星（黄色）が 1 ～ 2.5 太陽質量ぐらい、ブラックホール（紫色）が 5 ～ 15 太陽質量ぐらいに分布している。2.5 ～ 5 太陽質量の範囲には見あたらない。一方、重力波イベントで発見された合体前・合体後のブラックホールたち（青色）は、10 ～ 80 太陽質量あたりに分布している。

③節 宇宙人は何種族ぐらいいそうか?

ポイント この広い宇宙で、生命が存在している天体は、いまのところ地球だけしか知られていない。最近では太陽系の外にも惑星が続々と発見されているが、宇宙のどこかには他の生命体が存在しているのだろうか。さらには高度な文明を発達させた宇宙人がいるのだろうか。簡単な掛け算を少しだけしてみよう。

▶ **ドレークの式**
宇宙文明の数え方を最初に考案したのは、アメリカの天文学者フランク・ドレーク（1930～）なので、しばしばドレークの式と呼ばれる。

プラスワン

変数の評価
R_*＝星の生成率＝20個／1年
f_p＝惑星の存在確率＝1
n_e＝岩石惑星の数＝1

攻略ポイント
自分で計算してみる！

f_l＝生命が発生する確率＝1?
f_i＝知的になる確率＝1?
f_c＝通信できる確率＝1?
L＝文明の寿命＝1年、100年、1万年、1億年?

▶ **オズマ計画** ☞用語集

▶ **アレシボメッセージ** ☞用語集

① 天の川銀河にあるかもしれない宇宙文明数の数え方

我々の住む天の川銀河に宇宙人がいるかどうかを評価するのは不可能なように思えるかもしれない。でも、実はある程度まで宇宙文明の数を見積もることはできる。**ドレークの式**と呼ばれる式によると、電波を用いて地球と交信できるような宇宙文明の数 N（number）は、以下の式で表される。

$$N = R_* \times f_p \times n_e \times f_l \times f_i \times f_c \times L$$

見てわかるように、いくつかの要素を掛け合わせただけの簡単な式だ。ただし、それぞれの要素には天文学その他の科学のエッセンスが詰め込まれている。掛け合わせる7つの要素の具体的な意味を、順に見ていこう。

図表 1-9 系外惑星プロキシマ・ケンタウリ b の想像図。地球程度の質量でハビタブルゾーン（10章）に位置すると考えられている。©ESO/M.Kornmesser

② 各要素の意味

天文学的要因：最初の「R_*（rate of star）」は、天の川銀河のなかで1年間に誕生する星の数である。天文学の観測によると、太陽のような星が天の川銀河全体では1年間に20個ぐらい生まれていることがわかっている。

次の「f_p（fraction of planet）」は、誕生した星の周りに惑星も同時に生まれる確率だ。太陽のような自分で輝いている恒星に比べて、恒星の周りを回る惑星は非常に暗いため、恒星は観測できても惑星を観測することは非常に難しい。しかし、1995年にスイスの天文学者がペガスス座51番星の周りに木星サイズの巨大ガス惑星をはじめて発見した（☞10章）。いまでは候補にあがっているものを含めると4400個を超え（2021年2月現在）の太陽系外惑星（系外惑星）が見つかっている。大部分の星の周りには惑星がいくつかありそうなので、この要素はほぼ1としていいと推測される。

さらに「n_e（number of environment）」は、星の周りにいくつかの惑星がある場合、地球上の生命に似た生命が発生し進化できる環境をそなえた惑星の数だ。太陽系で生命の生存に適した環境をもっているのは、地球とぎりぎ

りで火星ぐらいだ。この要素も 1 としよう。

生物学的要因：続く「f_l（fraction of life）」「f_i（fraction of intelligence）」「f_c（fraction of communication）」は、それぞれ、生命の生存に適した惑星の上で、実際に生命が発生する確率、発生した生命が知的生命まで進化する確率、進化した知的生命が他の星へ通信を送れるほど高度な技術文明を発達させる確率だ。地球人類の実例に関しては、どれも 1 である。

社会学的要因：最後の「L（lifetime）」は発達した技術文明が実際に通信を送ることが可能な年数だ。人類に関して言えば、地球側から宇宙へ向けて電波信号を送信した実験はそれほど多くない。送信時間をすべて足し合わせても 1 年にならないだろう。そこで 1 年を L の最小値としよう。一方、文明が滅びてしまえば、通信を送ることはできなくなる。したがって L の最大値は、文明の寿命とみなしてもいいが、これは全くわからない。

3 計算はじめ！

では、以上の見積りを、ドレークの式に放り込んでみよう。

$$N = 20 \times 1 \times 1 \times 1 \times 1 \times 1 \times （1 から 1 億の間？）$$

天の川銀河に存在する高度な宇宙文明の数として、20 個から 200 億個ぐらいまで、かなり幅のある見積もりが出る。実は 1980 年代では、この見積りの数字は最低 1 個（地球のみ）だった。それがいまや最低でも 20 個ぐらいになった。もちろん、この 20 年の間に宇宙文明が突如増殖したわけではない。以前は、太陽以外の星の周りに惑星があるかどうかが不明で、「f_p」を 0.1 とか 0.05 とかかなり小さく評価していた。また生命の発生確率など、その他の要素も 0.5 とか少し低く見積もっていたためだ。しかしその後、太陽系外の惑星がどんどん見つかったり（「f_p」が 0.1 から 1 になった）、生命の発生自体はそれほど難しくないことがわかったりして（「f_l」が 0.5 から 1 になった）、各要素の値が少しずつアップした効果による。科学は日進月歩しているのだ。

3 フェルミパラドックスと銀河植民地化

核物理学者のエンリコ・フェルミが 1950 年に、「宇宙人がおるんやて!?ほなら、そいつらはどこにおんねん!!」と、おそらくイタリア語訛りの英語で問うたとされる。そのため、宇宙人はいったいどこにいるのかという問いは、**フェルミパラドックス**と呼ばれている。実際、恒星間空間に進出した宇宙文明は、移民宇宙船を仕立てて天の川銀河全体を植民していくかもしれない。これを**銀河植民地化**という。超光速航法やワープなどを考えなくても、実は驚くほど短時間で全天の川銀河を植民できる。1 つの試算をしてみよう。

隣の星までの距離を 10 光年、移民宇宙船の速度を光速の 1 割とする。すなわち隣の星まで到達するのに 100 年かかる。第 2 次植民まで、人口を増加し力を蓄えるのに 400 年かかるとすると、植民化を 1 つ進めるのに、500 年かかることになる。言い換えれば、植民の波は 500 年で 10 光年広がる。この割合で天の川銀河全体に植民の波が広がるには、たった 500 万年しかかからない。仮に植民化のステップが一桁長くて 5000 年だとしても、全天の川銀河の植民化には、5000 万年しかかからない。いずれにせよ、天の川銀河の年齢に比べれば、あっと言う間である。それにもかかわらず、宇宙人との出会いがない原因は、「地球人以外の宇宙人はいない」「宇宙文明の平均寿命が非常に短い」「地球近傍が保護区になっている」などが考えられる。

プラスワン

▶ **高度宇宙文明**

現在の地球文明と比べ、技術的に遥かに進歩した文明。地球人以外の宇宙人が高度宇宙文明を築きあげている可能性もありえるし、あるいは、数千年後の未来の地球文明の姿かもしれない。いずれにせよ、高度宇宙文明は、（地球人も含め）地球型惑星に発生した人間型宇宙人の技術文明の行きつく先だろう。旧ソ連のニコライ・カルダシェフは、技術的に発達した高度な宇宙文明を、そのエネルギー消費の規模によって、3 つに類別した。

タイプ I：惑星規模のエネルギーを利用する文明。およそ 4×10^{12} W のエネルギーを消費する。現在の地球文明がほぼこのレベル。

タイプ II：恒星規模のエネルギーを利用する文明。およそ 4×10^{26} W のエネルギーを消費する。ダイソン殻文明（☞ p.18）がこのレベル。

タイプ III：銀河規模のエネルギーを利用する文明。およそ 2.4×10^{37} W のエネルギーを消費する。

▶ ダイソン球、ダイソン殻

地球に降り注ぐ太陽光の割合は、太陽から放射される全エネルギーのうち、地球の断面積を地球軌道の半径（1天文単位）の球の面積で割った分だけであって、全放射の約20億分の1に過ぎない。もし、地球軌道の半径をもつ球殻で太陽をすっぽり覆うことができたら、太陽エネルギーを漏れなく利用することができるだろう。非常に進歩した文明なら、そのような球殻を人工的に構築できるかもしれない。球殻の内側の表面積は地表面積の10億倍もあるので、そんな球殻ができたら、人口問題もエネルギー問題も一挙に解決するだろう。

以上のようなアイデアを、物理学者フリーマン・ダイソンが、1960年に提案した。

ダイソン球は必ずしも球殻である必要はなく、赤道面で太陽を取り巻くベルト状の構造体でも、軌道運動する無数のプラットフォームでもよい。

ダイソン球

ダイソン殻

▶ ワームホール
　☞用語集

▶▶▶ ユニバースからマルチバースへ

最近の研究では宇宙（universe）は1つとは限らず、無数の宇宙の可能性が議論されている。**多宇宙・マルチバース**（multiverse）と呼ぶ。多宇宙には4つのタイプがある（マックス・テグマーク）。

レベルⅠ多宇宙

レベルⅠ多宇宙は、同じ宇宙の一部だが無限の彼方にある領域だ。ほとんど無限の遠方宇宙には"地球"が無限個存在しうるかもしれない。"無限"ということは、あらゆる可能性を含むということなのだ。

レベルⅡ多宇宙

レベルⅡ多宇宙は、物理法則は同じだが物理定数などの値が違う世界だ。宇宙が急激な膨張インフレーションを起こしたとき、宇宙全体がどこでも同じように急速膨張するとは限らない。宇宙の一部が全体とは別に急速膨張して枝分かれし、子宇宙や孫宇宙ができる可能性がある。このような部分的インフレーションによって、多重発生した宇宙を**無量宇宙**と呼ぶ。無量宇宙の大本は1つなので、物理法則はすべてで共通しているが、膨張速度など物理定数は違うだろう。

さらに我々の宇宙は高次元時空の中での"膜"のようなものだという考えがあり、**膜宇宙**（ブレーンワールド）と呼ばれている。高次元時空には、無数の膜宇宙が存在しているかもしれない。

レベルⅢ多宇宙

レベルⅢ多宇宙は、量子力学に関連して提唱された**多世界**だ。

量子力学ではものごとは不確定だが、通常は確率的にものごとが決まると考える。一方、量子力学的な"選択"が行われるつど、可能なすべての状態（宇宙）が観測時点から枝別れしていくという考え方があり、多世界解釈と呼ばれている。これも多宇宙の一種だ。

レベルⅣ多宇宙

最後のレベルⅣ多宇宙は、物理法則はおろか数学的構造なども、我々の宇宙とはまったく異質な世界だ。魔法世界もレベルⅣの一種だ。

多世界の多くは実証するのが難しそうだが、宇宙のありさまを考えるためには有用な思考実験なのである。

Question 1

下の天体の名前はどれか。

©NASA/CXC/UCLA/NRAO/VLA

① はくちょう座 X-1
② わし座の特異星 SS433
③ マイクロクェーサー
　 GRS1915 + 105
④ いて座 A*

Question 2

イベント・ホライズン・テレスコープで撮影されたブラックホールはどの銀河の中心にあるものか。

① 天の川銀河　② M 106　③ M 87　④ NGC 4889

Question 3

宇宙の歴史のなかの主な出来事である ABCD の 4 つを古い順に正しく並べているのはどれか。

A. インフレーションの開始
B. 重力の誕生
C. 宇宙の晴れ上がり
D. クェーサー形成

① ABCD　② ACBD　③ DBCA　④ DCBA

Question 4

宇宙が生まれて 90 億年頃に起こった出来事は何か。

① 太陽の誕生
② 宇宙の晴れ上がり
③ 人類の誕生
④ 特記すべきことは起こっていない

Question 5

プランク時間はどれぐらいか。

① 10^{-100} 秒　② 10^{-44} 秒　③ 10^{-33} 秒　④ 10 秒

Question 6

光速を c（$= 3 \times 10^8$m/s）、万有引力定数を G（$= 6.67 \times 10^{-11}$N・m^2/kg^2）、そしてブラックホールの質量を M とすると、シュバルツシルト半径 R は、$R = 2GM/c^2$ となる。太陽の質量（$= 2 \times 10^{30}$kg）の 10 倍の質量をもつ恒星質量ブラックホールの半径はどれくらいになるか。

① 約3km　② 約30km
③ 約300km　④ 約3000km

Question 7

ブラックホールは、分類すると何になるか。

① ダークマター　② ダークエネルギー
③ バリオン物質　④ ミッシングマス

Question 8

自転していないが電荷をもつブラックホールはどれか？

① シュバルツシルト・ブラックホール
② ライスナー＝ノルドシュトロム・ブラックホール
③ カー＝ニューマン・ブラックホール
④ ワイル・ブラックホール

Question 9

500K を摂氏温度で表すと、およそ何℃か。

① 750℃　② 50℃　③ -73℃　④ 227℃

Question 10

星間文明が亜光速の宇宙船で天の川銀河を植民地化するモデルを考えてみる。恒星間平均距離を 10 光年、移民宇宙船の速度を光速の 1％とする。星々に入植を開始してから第 2 次植民まで、人口を増加し力を蓄えるのに 400 年かかるとする。この仮定で、天の川銀河全体を植民するにはだいたい何年かかるか？

① 5000 年　② 50 万年　③ 1000 万年　④ 5000 万年

★ おまけコラム ★

「スタートレック」シリーズで設定されている天の川銀河内の異星人版図（http：//www.loony - archivist.com/lowerdecks/maps.html）。天の川銀河全体は、アルファ象限、ベータ象限、ガンマ象限、デルタ象限に区分され、地球人類の惑星連邦、クリンゴン帝国、ロミュラン帝国、ボーグ領域などが分布している。惑星連邦が探査した領域は天の川銀河の一部でしかない。

Answer 1

④ いて座 A*

④ には超大質量のブラックホールが存在していると考えられている。❶❷ は、約 10 太陽質量程度のブラックホール候補天体だが、はくちょう座 X-1 は明瞭なジェット構造は示さない。❸ も同程度の質量のブラックホール候補天体で明瞭なジェット構造を示すが、SS433 と違って直線状である。

Answer 2

❸ M 87

2019 年 4 月に、イベント・ホライズン・テレスコープ（EHT）によって、初めておとめ座にある楕円銀河 M 87 中心部のブラックホールの撮影に成功したことが発表された。天の川銀河中心領域にあるいて座 A* や、りょうけん座にある渦巻銀河 M 106、かみのけ座にある楕円銀河 NGC 4889 にも大質量のブラックホールが存在することがわかっている。

Answer 3

❶ ABCD

宇宙は真空のゆらぎから誕生し、インフレーションという急激な膨張を経てエネルギーが解放され、ビッグバンという超高温の状態となる。その後、宇宙は膨張するにつれて冷え、重力をはじめとする様々な力が誕生した。宇宙誕生から約 38 万年がたった後、宇宙を自由に飛び回っていた電子が原子に取り込まれ、光が直進できるようになる（宇宙の晴れ上がり）。その後、星や銀河がつくられていく。クェーサーは中心核が非常に活動的な銀河が恒星状に見えている天体で、宇宙誕生 10 億年後以降に誕生した。

Answer 4

❶ 太陽の誕生

太陽と地球の誕生は約 46 億年前で、現在の宇宙年齢（約 138 億年）から引くと、宇宙の誕生から数えて約 92 億年となる。宇宙の晴れ上がりは 38 万年ぐらいで、人類の誕生（約 100 万年前）はほぼ現在（約 138 億年）といってよい。

Answer 5

❷ 10^{-44} 秒

光速 c、万有引力定数 G、プランク定数 h から組み立てられる、唯一、時間の単位をもった物理量 $\sqrt{(Gh/c^3)}$ がプランク時間だ。プランク時間は時空のメッシュを構成する最小の時間単位であり、同時に、宇宙開闢の最初の時間でもある。

Answer 6

❷ 約 30km

数値を丁寧に入れていけば、もちろん計算できるが、得策ではない。シュバルツシルト半径がブラックホールの質量に比例することに気づいていれば、太陽質量のブラックホールの半径が約 3km であることだけ覚えておくことで、他のブラックホールの半径もたちどころに暗算で計算できる。

Answer 7

❸ バリオン物質

ダークマターとダークエネルギーは、感知はされているが正体がわかっていない。ミッシングマスはダークマターの昔の言い方。バリオン物質というのは、星や星雲などの通常の物質全般を指す言葉であり、ブラックホールもバリオン物質である。

Answer 8

❷ ライスナー＝ノルドシュトロム・ブラックホール

球状で自転していないブラックホールが ❶ シュバルツシルト・ブラックホールで、同じく球状で自転をしていないが電荷をもつブラックホールが ❷ ライスナー＝ノルドシュトロム・ブラックホール。自転しているが電荷をもたないブラックホールがカー・ブラックホールで、自転しており電荷ももつブラックホールが ❸ カー＝ニューマン・ブラックホールと呼ばれる。なお、❹ ワイル・ブラックホールは、自転していない静的なブラックホールだが、球状ではなく軸対称な形状をしたブラックホール。歪みがあるため自然界では存在しにくいと考えられている。

Answer 9

❹ 227℃

絶対温度から 273.15 を引くと、摂氏温度が求められる。
500K = 500-273.15℃
　　　= 226.85℃
よって、およそ、226.85℃になる。

Answer 10

❸ 1000 万年

0.01 光速で 10 光年進むのに 1000 年かかり、次の植民まで 400 年かかるとすると、植民化を一つ進めるのに、トータルで 1400 年かかる。言い換えれば、植民の波は、1400 年で 10 光年広がる。すなわち、植民の波の速度は、10 光年／ 1400 年＝ 0.0071 光年／年となる。天の川銀河の広がりは 10 万光年なので、この速度で天の川銀河全体に植民の波が広がるには、10 万光年／（0.0071 光年／年）＝ 1400 万年；たった 1400 万年しかかからない。天の川銀河の年齢（約 100 億年）に比べれば、あっと言う間である。

このような見積もりにもかかわらず、宇宙人との出会いがない原因としては、「地球人以外の宇宙人はいない」「宇宙文明の平均寿命が非常に短い」「地球近傍が保護区になっている」などが考えられる。

2章

太陽は燃える火の玉か?

太陽から吹き出すプラズマガス※の流れ（太陽風）は、電荷を帯びたプラズマガスと地球磁場の相互作用のため、極付近を除いて地球磁気圏の内部には入り込めない。さらにその相互作用により、地球磁気圏を鯉のぼりのように吹き流し、地球背後に長いプラズマの尾をつくっている。極付近に入り込んだプラズマガスは、地球大気の分子と衝突し、幻想的なオーロラをつくりだす。
※プラズマガス：ガスを構成する原子が、電子と陽イオンとに分離して運動している状態のガスのこと。電離ガスとも。
©SPL/PPS通信社

太陽　太陽風

磁気圏

放射線帯

電離層

オーロラ帯

地上からみるとオーロラはカーテンのように見えるが、宇宙から見ると磁場の形状に沿った筒状になっていることがわかる（写真左）。これはオーロラオーバルと呼ばれる。©NASA

© 鎌形久 /PPS通信社

波長が変われば様相も変わる

　太陽からは様々な波長の電磁波が放射されている。観測波長が変わると、見られる太陽の様子が変わる。それは、温度や光球からの高さによる違いである。p.22、23下の画像は、すべて同じ日の太陽像で、疑似カラーで着色している。

太陽の構造の模式図。実際の太陽の姿は日々変化する。太陽内部の調査研究は、太陽表面に見られる平均周期5分間の振動現象を解析して行われる（日震学診断）。少々事情は違うが、地球の内部構造の調査を地震計測で行うものと同じだ。Kは温度を表す単位（☞ p.12 傍注）。

X線や紫外線（左から波長 9.4 nm、17.1 nm、30.4 nm、33.5 nm）で見る太陽コロナ。これらは人間の目には見えない種類の光のため、疑似カラーを着色している。観測波長（☞ 4章中扉）が変わると、違った温度や高度の太陽コロナの様子を見ることができる。黒点があるところは磁場が強く、X線や紫外線で明るく見える。NASAの太陽観測衛星「ソーラー・ダイナミクス・オブザーバトリー（SDO）」にて撮影。©NASA

2015/03/27 23:47　©NASA,ESA

© 京都大学
飛騨天文台

太陽観測衛星「SOHO」がとらえた太陽のコロナ（上）と地上太陽望遠鏡がとらえた彩層（下）の様子。光球や彩層より上層のコロナの観測は、太陽の光球が明るすぎるため、それを隠して行うことがある（上図中の白丸は光球の大きさ）。この観測手法をコロナグラフという。彩層の画像の左上には、大きなプロミネンスが見られる。なお、地上からは日食時にコロナや彩層の様子を観察できることがある。

太陽
シリウス
アルデバラン
リゲル
デネブ
ベテルギウス
アンタレス

地球と比べれば太陽は巨大な天体だが、太陽よりも大きな恒星も多い。赤色巨星のベテルギウスの半径は、太陽半径の約 800 ～ 1000 倍もある。

左は 2014 年 10 月に発生した巨大黒点の連続写真。右は太陽観測衛星「ひので」がとらえた巨大黒点。写真は横：約 20 万 km × 縦：約 12 万 km。
左：©NAOJ
右：©NAOJ/JAXA

SDO/AIA　304　　2015-03-27 00:08:32 UT

SDO/AIA　335　　2015-03-27 00:01:28 UT

023

1節 太陽の体温は 6000K！

ポイント いつも穏やかに地上を照らし、地球へ光と熱のエネルギーを届ける太陽。太陽とはいったいどのような天体なのだろうか。ここでは、目に見える太陽の表面について紹介しよう。太陽の本体は、表面が約6000Kにもなる非常に高温のガス球だが、燃える火の玉ではない！ 太陽の表面で何かが燃えているわけではないのだ。

▶ 太陽定数 ☞用語集

▶ 光球 ☞用語集

プラスワン

周縁減光効果

太陽面全体を写した画像を見ると、中心領域は明るいが、周縁部で暗く紅くなっているのがわかる。これは太陽が球状のガス体であることの証拠である。もし太陽が固体の高温球なら周縁部まで同じように明るいだろう（月がそうだ）。しかしガス体であるために、周縁部では太陽大気のガスによって夕焼けのような効果が起こって、暗く紅くなってしまう。太陽の表面温度は約6000Kだが、正確には5780Kとされている。しかしこれは地球から見たときの太陽全面の平均温度で、地球から見たときには周縁減光によって、縁の温度は中心の温度より低くなって見える。実際の表面温度の平均は6400K程度ある。

プラスワン

太陽磁場の発見

1908年にジョージ・ヘールは、黒点に2000〜3000ガウスの磁場があり、スペクトルの吸収線を分離させていると発表した。ヘールは、

1 太陽の表面：光球

　まぶしく輝く太陽は、地球から約1億4960万km離れたところにありながら、1㎡あたり1.4kW（毎秒1㎡あたり1.4kＪ）のエネルギーを地球まで届けている。この輝く星の直径は地球の109倍にも及ぶ。

　太陽の"表面"を撮影した画像を見てみよう。太陽は主として水素ガスでできた巨大な球なので、ここからが表面だというはっきりした境目があるわけではない。そこで太陽を可視光で観測したときに、観測できる太陽表面を**光球**と呼んでいる。太陽の中心の温度は約1400万Kもあるが、その熱が外部へと伝わって、光球面でのガスの温度は約6000Kもの温度になっている。製鉄所で鉄を熱したときに、鉄が輝くのと同じように、太陽の輝きは、太陽表面のガスが6000Kになって光を放つものである。

1万8千km
黒点
粒状斑
1万2千km
地球の直径
1万2700km

図表2-1 　太陽光球（左）と黒点（中）と粒状斑（右の拡大図）。光球の画像では、太陽面中央が明るく、周縁部が暗いことがわかる（周縁減光効果）。黒点の画像では、黒い中央部（暗部）と縞状で薄黒い周辺部（半暗部）の構造が見て取れる。粒状斑では、明るい部分で高温のガスが上昇し、暗い縁取り部分で冷えたガスが下降する対流が起こっている。アメリカ国立科学財団がハワイに建設したDKIST望遠鏡は、主鏡の口径が4mの史上最高解像度の太陽望遠鏡であり、図の粒状斑や黒点はDKISTの初期観測の成果である。©NSO/NSF/AURA・政田洋平

2 太陽表面の模様：黒点、粒状斑、白斑

　太陽の写真を見たときに一番初めに目に留まるのは、黒く見える小さな斑

点であろう。この点を**黒点**という。黒点の大きさは直径数千kmから大きいものでは数万kmに達し、地球の数倍に達するものがある。黒点には数千ガウスの強い磁場が観測される。また、黒点は単一のものもあるが、ほとんどが大小の黒点が群れとなった黒点群となっている。

　黒点は周囲の光球よりも温度が低く4000K程度である。黒点では磁場が強いために、太陽内部からの熱の輸送（対流による）が磁場によって妨げられ温度が低くなると考えられている。黒点には暗い**暗部**と、暗部を取り囲む**半暗部**という部分がある。半暗部は比較的大きな黒点にのみ現れる。黒点の周囲には**白斑**という明るい模様が広がっている。太陽黒点を望遠鏡で観察すると、太陽の縁にある黒点の周囲がまだら模様のように白くなって見えるのが白斑である。白斑にも1000ガウス程度の磁場がある。

　光球を拡大して観測すると、まるで小さな細胞のような模様が見られる。この模様は**粒状斑**と呼ばれ、太陽表面で沸き立つ対流渦を表している。平均的な粒状斑の大きさは差し渡し1000kmと小さいため、地上からは、補償光学装置を用いて観察する。川の流れで川底の石を見ることができないように、地上からの天体観測は、大気の揺らぎでぼけたような像を見ている。どのようにぼけたのかを測ることによって、望遠鏡内部の鏡やレンズを動かし、揺らぎの少ない天体像を作り出すのが、補償光学である。太陽では、小さな黒点を参照してぼけ具合を測り、そのままでは観測することのできない、粒状斑や微小黒点など、精細な太陽像を得ることができる。黒点の周辺は磁場による活発な活動が起こっているので活動領域と呼ばれる。一方、その他の比較的穏やかな領域は、静穏領域と呼ばれる。

③ 黒体放射

　熱を帯びた物質が放つ純粋な熱放射（電磁波）を**黒体放射**という。物質の温度が低ければ（高ければ）、黒体放射のエネルギーは全体に低く（高く）なる。太陽は6000Kで500nmの緑色の光が最も強いが、他の色の光も放っているので、全体としては白く見える。表面温度が4000Kの星は700nmあたりの赤色が強いためややオレンジがかって見える。体温36℃（300K）の人は、赤外線で光って見える。

1866年のノーマン・ロッキャーによる黒点の吸収線の分離発見と、1899年のピーター・ゼーマンによる実験室での磁場中のスペクトル線分離の発見を結びつけたのだ。2014年には太陽観測衛星「ひので」によって6000ガウスを超える観測史上最強の磁場をもつ黒点が発見された。

プラスワン

黒点は黒くない
たいていの写真では黒点は黒く写っている。これは太陽表面の6000Kの明るさに合わせて撮影したためで、黒点領域では露出不足になっているのだ。黒点領域も4000Kという高温だから、本当は明るく輝いている。

© NAOJ/JAXA

太陽観測衛星「ひので」がとらえた最強磁場をもつ黒点。連続光による姿（上）とその磁場強度（下）。特に黄色で示された場所（図左下あたり）に6000ガウス（600ミリテスラ）を超える磁場が存在している。

▶ **ガウス** ☞用語集

図表2-2　熱を帯びた物質が放つ電磁波の強度分布。黒体放射の強度分布にはピークがあり、物質の温度が高いほど、ピークは短波長側に移動しエネルギーは高くなる。

図表2-3　太陽スペクトルの強度分布。滑らかな実線は約5780Kの黒体放射。

2節 太陽を彩る紅い雲

> **ポイント** 太陽の光球の上空には、彩層と呼ばれる薄いガス層が広がっている。彩層は太陽の観測される表面（光球）のすぐ上に位置しており、光球を背景に、彩り豊かな太陽表面現象が観測される。

▶ **彩層** ☞ 用語集

▶ **吸収線** ☞ 用語集

▶ **Hα線** ☞ 用語集
   エイチアルファ

プラスワン

太陽の差動回転

太陽の自転の速さは緯度で異なっていて、高い緯度ほど遅く回っている。ガスの星にはよく見られる現象で、差動回転という。

プラスワン

プラージュと白斑

プラージュ（Plage）は、彩層でもひときわ目立つ明るい領域だが、もともとはフランス語で「海辺・浜辺」を意味する言葉である。プラージュの足元付近の光球面上には磁場の強い領域である白斑が見られ、両者の間には磁場を介したつながりがあると考えられている。

プラスワン

ヘリウムの発見

1868年の皆既日食観測で、彩層にオレンジ色の輝線をピエール・ジャンセンが発見。この輝線に対応する元素は、当時、地上では発見されておらず、太陽に

① 太陽の表層：彩層、プラージュ

太陽の光球の上空には、厚さ約2000km～1万kmのガス層が太陽を覆っていて**彩層**と呼ばれる。太陽本体と同じく、彩層のガスも大部分は水素ガスだが、水素ガス以外にも様々な元素の成分が含まれている。水素をはじめとして、種々の元素によって特定の色の光が吸収されたり放射されたりするために、彩り豊かな太陽表面現象を見ることができる。

このような彩層を観察するには、特定の波長のみで観察する特殊なフィルターが必要である。最も一般的なものが、水素原子が放つ赤色光によって生じる Hα線（656.3nm）を透過するフィルターだ。

図表 2-4 太陽のHα全面像 ©HAO, NOAA

Hα線で太陽を見ると、光球にある黒点の上空を彩層のガスが覆っているため、大きな黒点以外はほとんどが見えにくくなっている。大きな黒点のある場所では、強い磁場が彩層を突き抜けてその上空へ達しており、彩層にはガスが存在しにくくなっているため、黒点を見ることができる。黒点周囲の活動領域の彩層は、周囲よりも明るくなっている。この明るくなっている領域は、**プラージュ**と呼ばれる。活動領域で複雑に交錯する磁場によって、Hα線などの光が発せられているためである。

● SDO 衛星（NASA）がとらえたプロミネンス（動画）
©NASA/SDO and the AIA, EVE, and HMI science teams

② 太陽上空の紅い雲：プロミネンス

図表2-5は、NASAのSDO衛星が紫外線で撮影した太陽の縁である。縁の上でたなびくように伸びているものは**紅炎（プロミネンス）**と呼ばれるもので、彩層の上空に浮かんでいるガスの雲だ。

図表 2-5 NASA の SDO 衛星がとらえたプロミネンス（上）とプロミネンスの可視域広帯域スペクトル（下）。太陽の縁にあるプロミネンスは、Hαなどの輝線で輝いている。明るい光球面上ではプロミネンスを構成する冷たいガスに光が散乱・吸収されるため、太陽スペクトルにはこれらの波長に対応する位置に吸収線が現れる。
上：©SDO/NASA、下：京都大学大学院理学研究科附属天文台

プロミネンスには穏やかなもの（静穏型）と活動的なもの（活動型）がある。静穏型プロミネンスは数週間もの間、右傍注の写真のような形を保ち、その多くは太陽の自転とともに東から現れて西へ没する。プロミネンスは、Hα線で輝くため、太陽の縁にあれば明るく見られるが、太陽面上にある間は、背景の太陽光を冷たいガスが吸収するため黒い筋（ダークフィラメント）として観測される。長さが20万kmにも達するプロミネンスには、大量のガスが含まれているが、どうやってガスが供給されるのか謎も多い。

活動型のプロミネンスは、運動状態にあるプロミネンスのことをいう。このプロミネンスは、太陽の縁では水平にたなびくような構造として観測される（図表2-6）。活動型のプロミネンスは、彩層やコロナ中をダイナミックに動き、数分から数時間で形を変えたり消失したりする。

図表 2-6 活動領域プロミネンス。黒点上空で水平方向にたなびくようにみえている。太陽表面で黒いところが黒点、手前の白っぽい場所がプラージュ。また太陽の縁に毛羽立ったように見えるのはスピキュールと呼ばれる構造。© 国立天文台／JAXA

しかないと考えられたため、太陽神ヘリオスにちなんで「ヘリウム」と命名された。

プラスワン

紅炎（プロミネンス）の意味

紅炎は色合いからついた名だが、英語のプロミネンスは「突起物のような目立つもの」の意味だ。色ではなくて紅炎の形状からつけられたわけである。

ダークフィラメント © 兵庫県立大学西はりま天文台

静穏型プロミネンス © 国立天文台／JAXA

活動型プロミネンス © 国立天文台／JAXA

プラスワン

スピキュール

Hα線で彩層を見ると、太陽一面が筋のような模様で覆われている。1本1本はガスが噴き出しているところで、スピキュールと呼ばれている。吹き出す速度は毎秒30km程度、長さは6000km程度で、1つのスピキュールは5分間ほどで消滅して、また次の一筋が現れる。

3節 太陽を取り巻く超高温のコロナ

> **ポイント** 皆既日食の写真を見ると、太陽が乳白色の輝きに包まれているのがわかる。これは太陽を取り巻く高温のガスが、太陽からの光を散乱して輝いているもので、コロナと呼ばれる。太陽コロナは、我々が目にする太陽の神秘でもある。

プラスワン

コロナの意味

コロナの語源は冠の意味がある。皆既日食中の太陽の周りのコロナが上から見た王冠のように見えることから、ラテン語で王冠を表すコロナと名づけられた。

▶ **プラズマ** ☞用語集

▶ **コロナホール** ☞用語集

プラスワン

コロナ加熱の原因

100万Kにも及ぶコロナの加熱の原因が、太陽本体にあることは間違いない。ただし、太陽本体（表面）の温度は6000Kしかないので、通常の熱伝導（高温から低温へ伝わる）で説明することはできない。したがって、太陽表面から、熱エネルギー以外の形でエネルギーが運ばれて、コロナ領域で熱に変換されるのだろうと推定されている。その方法としては太陽表面の磁場を利用した"磁気波動説"というモデルと、太陽表面での無数の微小爆発現象（ナノフレアと呼ぶ）を利用した"ナノフレア説"というモデルが有力視されている。

① 太陽の周辺：コロナ

太陽を取り巻く高温のガスが**コロナ**（☞用語集）だ。コロナは彩層よりさらに上空に存在する、彩層よりも希薄なガスの広がりである。一方で、コロナのガスの温度は100万Kもあり、光球や彩層よりも桁違いに高温である。そのため、コロナのガスは、原子が電離した状態（プラズマ）となっていて、高温のコロナからはX線が発せられている。

図表 2-7 X線を放射するコロナのガス © 国立天文台／JAXA

ところで、光球よりも太陽中心から離れたところにあるコロナがどうして光球の6000Kよりも高温なのだろうか。これは湯を沸かしたときに、湯の温度は100℃なのに、出てくる水蒸気が何千℃もの高温になっているような、きわめて不思議な状態である。これはコロナ加熱問題と呼ばれ、太陽研究の

大きな課題となっているが、徐々に解明されつつある。

　コロナは太陽光球からの光の散乱光とコロナ中の鉄などの輝線によって光を放っているが、その輝きはとても暗く、明るいところでも満月程度の明るさである。地球の大気は太陽光によって明るく輝いているため、空よりも暗いコロナの輝きは、普段の太陽周囲には全く見ることができない。しかし、皆既日食のときには太陽からの光が月によって遮られるので、彩層やコロナを肉眼で見ることができる。

図表 2-8　皆既日食中のコロナ。2017 年 8 月 21 日アメリカ合衆国ワイオミング州にて。© 戸田博之

　2018 年に打ち上げられた NASA の宇宙探査機パーカー・ソーラー・プローブは、太陽半径の約 9 〜 10 倍（太陽表面からの距離にして約 600 万 km）の位置まで接近し、太陽コロナの直接観測を行う。また、2020 年に打ち上げられた ESA の太陽観測衛星ソーラー・オービターは、水星の内側を通る楕円軌道で太陽を周回し、コロナや太陽風の成因を調べる予定である。2021 年には、世界最大の主鏡（約 4 m）をもつダニエル・K・イノウエ太陽望遠鏡（DKIST）の本格稼働も見込まれており、日本の次期太陽観測衛星 Solar-C_EUVST（2020 年代中頃に打ち上げ予定）も合わせて、地上・スペース・太陽近傍からの新たな太陽観測時代が幕を開けようとしている。

©Solar Orbiter: ESA/ATG medialab; Parker Solar Probe: NASA/Johns Hopkins APL

©NASA/ESA

図表 2-9　右：ソーラー・オービター（左）とパーカー・ソーラー・プローブ（右）のイメージ。左：2024 年頃の両探査機の太陽周回軌道。

プラスワン

コロナの種類

コロナはその輝き方で K コロナ、E コロナ、F コロナと呼び分けている。K（Kontinuierlich：連続）は、高温のコロナで電離（☞用語集）した電子に、太陽からの光が当たって散乱された光である。コロナの電子は 5000km/s もの高速で運動しているため、散乱する光はドップラー効果によって、太陽光に見られる吸収線はかき消されてしまう。そのため、連続した光として光るのが K コロナである。F（Fraunhofer）は吸収線（フラウンホーファー線）が見られるコロナで、惑星間空間に存在する微小な塵（ダスト）が太陽光を散乱したものである。F コロナはそのまま黄道光につながっている。E（Emission：輝線）は高温コロナ中で電離したイオンから放射される輝線で光っているコロナである。

▶ **双極磁場** ☞用語集

プラスワン

恒星コロナ

太陽以外の多くの恒星にも、コロナは存在している。恒星は太陽よりもはるかに遠いため、そのコロナを直接観察することはできないが、コロナに特有の X 線が観測されており、コロナの存在は恒星にとって珍しいものではないことがわかってきた。コロナの形成には、磁場が関わっていると考えられており、コロナが発する X 線の強さは、恒星の磁気的な活動度の 1 つの指標になっている。

4節 太陽の活動と人類の活動

ポイント 太陽から放射される莫大なエネルギーは地球生命の源にもなっている。その活動に変化があれば、地球環境へ多大な影響を及ぼし、地上に住むものにとって死活問題となることもある。太陽活動にはどのようなものがあるのだろう。太陽の活動と我々の地球との関係について紹介しよう。

コロナ質量放出 ©SOHO/NASA

▶太陽風 ☞用語集

プラスワン

太陽風の吹き出し口
ふだんから地球へ届く低速（約300km/s）の太陽風は、どこから流れ出しているのか長らく謎だったが、活動領域とコロナホールの境界から噴出していることがわかった。

コロナホール

低速太陽風の吹き出し

活動領域

©JAXA／国立天文台

❶ 太陽フレアとコロナ質量放出と地球環境

　我々が太陽面に見ることのできる現象の多くは、磁場の活動によって引き起こされる。その中で最も激しい現象はフレアと呼ばれる爆発現象だ。フレアの発生は、複雑に交錯する磁力線がより簡略な磁力線構造へつなぎ変わることによって、蓄えられた磁場のエネルギーが様々なエネルギーへ変換される現象だとわかってきた。

　またフレアなどの太陽活動によって、太陽からは大量のエネルギーやガスのような物質が太陽系空間へと放出される。コロナにある物質が放出されるため、この現象を**コロナ質量放出**と呼んだり、英名（Coronal Mass Ejection）の頭文字をとって **CME**（シーエムイー）と呼んだりする。

図表2-10　異なる波長で撮影したXクラスフレア発生の瞬間 ©NASA/SDO

　コロナ質量放出が地球へ到達すると、地球磁気圏のバランスを崩すことがある。これを磁気嵐と呼んでいる。磁気嵐では、発電所や変電所の電気機械が壊れて停電が起こったり、長距離の電波通信に障害が発生したりする。

　またCMEが発生すると、爆発的に太陽風の密度が高くなったり、速度が

速くなったりする。そして大量の高エネルギー粒子（放射線粒子、または太陽宇宙線☞ p.132傍注）が地球へ降り注ぎ、大気の外にある人工衛星が壊れた例がいくつもある。宇宙飛行士は被曝の危険にさらされる。

　太陽からの人間に害となる電磁波（ガンマ線、X線、紫外線など）のほとんどは、地球大気に吸収され地表へ届かないので、地上にいれば太陽活動による被曝の影響はない。しかし、昨今の国際宇宙ステーションでの活動や、将来の宇宙旅行においては、地球の外の宇宙空間へ出ることになるので、有害な放射線を被曝しないような対策が必要である。

② 太陽型恒星のスーパーフレア

　磁力線のサイズは様々であり、通常のフレアに対して、非常に小規模の磁力線の繋ぎ変えは小さなフレア（**ナノフレア**）を引き起こすが、非常に大規模な磁力線の繋ぎ変えが起これば、巨大なフレアが生じるだろう。そのようなフレアを**スーパーフレア**と呼ぶ。ケプラー宇宙望遠鏡を用いた観測から、太陽に似たタイプの星で、巨大フレアが起きていることがわかってきた。

　自然界の現象では、地震のように、小規模の事象は数多く起こるが、大規模の事象ほど件数が減る法則があり、「べき乗則」として知られている。フレアについても、通常の太陽フレアよりも、小規模なナノフレアの発生頻度は多く、太陽型星での巨大フレアの頻度は少ない（図表2-11）。スーパーフレアを含む、太陽型星のフレアの発生頻度の分布は、エネルギーが10倍になると頻度が10分の1となる、べき乗則で表されることがわかってきた。

　研究者の見積もりでは、平均的には、最大級の太陽フレアより100倍大きなスーパーフレアは約800年に1回、1000倍大きなスーパーフレアは約5000年に1回発生する可能性がある。過去の例では、1989年3月に起こった巨大フレアによって、カナダの送電線が損壊し、ケベック州では9時間に及ぶ大停電が発生したことがある。太陽でスーパーフレアが起これば、地球は甚大な被害を受ける可能性が高い。スーパーフレア災害に対する危機管理と対処法は大きな課題だろう。

図表2-11　フレアのエネルギーと発生頻度（左：Maehara et al. 2015を改変）と巨大フレア源として想定される巨大黒点（右 © 京都大学）

プラスワン

太陽風とオーロラ
太陽からやって来た太陽風の電子や陽子は、太陽風によってたなびく地球磁気圏の尾部にいったんとらえられる。尾部の磁力線のつなぎ換えによって地球の極付近へ降り注ぐ電子や陽子が地球大気の外層にある窒素や酸素を励起して光を放つ。これがオーロラだ。

▶ **放射線** ☞用語集
▶ **太陽圏** ☞用語集

プラスワン

フォーブッシュ（Forbush）減少
地球には絶えず宇宙空間で発生した宇宙線が降り注いでいる。コロナ質量放出が地球へ到来すると、地球に降り注ぐ宇宙線の量が急激に減少し、数日かけて元の量に戻ることが知られている。この現象は、その発見者（スコット・フォーブッシュ）にちなんで、フォーブッシュ減少と呼ばれる。フォーブッシュ減少は、コロナ質量放出に伴う強い磁場が、宇宙線をバリアするために起こると考えられている。宇宙線の量と地球の雲の量の間に、深いつながりがあるとする説（宇宙線雲仮説）もあり、太陽からのコロナ質量放出は、46億年の地球気候史の観点からも注目を集めている。

プラスワン

太陽内部の熱核融合反応

太陽エネルギーは、p-p チェインと CNO サイクルと呼ばれる 2 種類の核融合反応で生成される。太陽エネルギーの 99% は p-p チェインが担うが、質量が大きくなるにつれエネルギー生成への CNO サイクルの寄与が大きくなる。p-p チェインでは 4 つの水素が同時に融合してヘリウムになるわけではなく、2 つずつ融合して最終的にヘリウムになる。CNO サイクルは、反応過程に炭素（C）・窒素（N）・酸素（O）が関わることに由来しており、それぞれの元素はサイクル中で再生成され、原子核反応の触媒（しょくばい）として働く。2020 年には CNO サイクル由来のニュートリノが初めて観測されており、太陽の内部で CNO サイクルが実際に起きていることが直接的に確かめられている。

● 原子核反応式

p-p チェインと CNO サイクルの原子核反応式も示しておこう。（E はエネルギー）

● p-p チェイン：

① $^1H + {}^1H \rightarrow {}^2H + e^+ + \nu + E$
② $^2H + {}^1H \rightarrow {}^3He + \gamma + E$
③ $^3He + {}^3He \rightarrow {}^4He + 2\,{}^1H + E$
（①-③をまとめると、$4\,{}^1H \rightarrow {}^4He + 2e^+ + 2\nu + 2\gamma + E$ と書けるが、決して 4 個の水素が一度に融合してヘリウムになるのではない）

● CNO サイクル：

① $^{12}C + {}^1H \rightarrow {}^{13}N + \gamma + E$
② $^{13}N \rightarrow {}^{13}C + e^+ + \nu + E$
③ $^{13}C + {}^1H \rightarrow {}^{14}N + \gamma + E$
④ $^{14}N + {}^1H \rightarrow {}^{15}O + \gamma + E$
⑤ $^{15}O \rightarrow {}^{15}N + e^+ + \nu + E$
⑥ $^{15}N + {}^1H \rightarrow {}^{12}C + 4He + E$

陽子
中性子
陽電子
ν ニュートリノ
γ ガンマ線光子

032

コラム

▶▶▶ 太陽活動の源と活動周期

太陽活動の源は、太陽の中心核で起こっている熱核融合反応である。夜空に光る星々も同じしくみで輝いている。星間雲と呼ばれる宇宙空間を漂うガスの密度の高い領域が、自己重力により収縮して球形に集まったものが恒星である。ガスの収縮に伴い中心の温度が上昇し、中心部で熱核融合が始まったときが、恒星誕生の瞬間だ。太陽の場合、中心温度は 1400 万 K に達しており、熱核融合反応で、約 100 億年間（現在は誕生から約 50 億年経過）輝きを保ち続けられると考えられている。

太陽の内部では、水素がヘリウムに変わる反応が起きている。反応の過程で、ガンマ線、陽電子（電子の反粒子）、ニュートリノが生じるが、ニュートリノは太陽を素通りしほぼ光速で逃げていく。また、陽電子は周囲の電子と衝突しガンマ線に転じるため、結局、ガンマ線のエネルギーが太陽内部を伝わり始めることになる。

中心部で生じたエネルギーは、まず太陽の放射層を数万〜数十万年かけて通過する。対流層まで運ばれたエネルギーは、ガスの効率的な対流運動によって、数カ月程度で太陽表面まで運ばれる。はじめはガンマ線だったエネルギーは、伝達の途中で次第に可視光や熱、ガスの運動のエネルギーへと変換される。

フレアなどの太陽活動の原因になる磁場も、このエネルギー伝達の途中でつくられると考えられている。面白いことに、太陽の中心部ではエネルギーが一定の割合で発生しているはずなのに、その伝達の過程でつくられる磁場（黒点）には、その発生率に周期的な変動が存在する。太陽活動の 11 年周期である。

下の図は、黒点の出現緯度（縦軸）を、出現の時系列（横軸）で分布させた図であり、蝶が羽を広げた形に似ていることから、バタフライダイアグラム（蝶形図）と呼ばれる。黒点が多い時期（太陽活動が活発）と少ない時期が交互に繰り返し、その周期が約 11 年になっていることが見てとれるだろう。黒点の発生に周期性がある理由はまだ完全には解明されておらず、太陽に関する最大の謎である。

Question 1

太陽の温度に関して間違っているものはどれか。

1. 黒点は約 4000K である
2. 太陽の表面は約 6000K である
3. コロナは約 100 万 K である
4. 太陽の中心核は約 140 万 K である

Question 2

プロミネンスの正体は何か？

1. 燃え盛る太陽の炎
2. 彩層やコロナにある大量のガスのかたまり
3. 太陽の周辺に広がる希薄なガス
4. X 線で見たときの明るい領域

Question 3

太陽磁場を発見した人物を次から選べ。

1. ジョージ・ヘール
2. ピーター・ゼーマン
3. ノーマン・ロッキャー
4. ピエール・ジャンセン

Question 4

太陽の観測に関して、間違っているものはどれか。

1. 太陽光のスペクトル中には様々な吸収線がみられる
2. 黒点がある領域は X 線や紫外線で明るく見える
3. H α 線で太陽を観測すると、プラージュ領域が明るく輝いて見える
4. 太陽面上にあるプロミネンスは、光球からの光を散乱するため、輝線で輝いて見える

Question 5

太陽の構造を中心核に近い順に並べたとき、正しいものは次のどれか。

1. 放射層→　対流層→　彩層→　　コロナ
2. 彩層→　　対流層→　コロナ→　放射層
3. コロナ→　対流層→　彩層→　　放射層
4. 対流層→　彩層→　　放射層→　コロナ

Question 6

コロナから発せられる X 線が地上から観測できない最も大きな理由は？

1. 発せられる X 線が非常に微弱であるため
2. 地球の大気が太陽からの X 線を吸収して地上に X 線が届かないため
3. 宇宙空間でしか X 線の観測装置を動作できないため
4. 地上にあふれる X 線に妨げられるため

Question 7

黒点について、誤っているものは次のどれか。

1. 強い磁場で内部からの熱の輸送が妨げられ、周囲よりも温度が低くなっている
2. 黒点には約 6000 テスラの磁場領域をもつものが存在する
3. 比較的大きなものになると、暗部とそれを取り囲む半暗部をもつ
4. 地球の数倍の大きさに達するものもある

Question 8

地球上で太陽に垂直な面に入射する太陽エネルギーの量は、1 m^2 あたり 1.4 kW である。太陽は地球から 1 億 5000 万 km 離れたところにあるとして、太陽全体から放出されているエネルギーの量を求め、正しいものを 1 つ選べ。なお、半径 r の球の表面積は 4 π r^2 である。

1. 3.9×10^3 kW
2. 3.9×10^{13} kW
3. 3.9×10^{23} kW
4. 3.9×10^{33} kW

Question 9

太陽表面は 6000K といわれるが、どのようにして温度を測ったのか、正しいものを 1 つ選べ。

1. 太陽の色や線スペクトルの観測によって、温度を推定した
2. 地球表面の温度と太陽までの距離から、温度を計算した
3. 太陽に近づいた宇宙飛行士が、温度を測定した
4. 宇宙船に搭載した温度計を太陽に落下させ、温度を測定した

Question 10

CNO サイクルに関わる元素を、太陽光球に含まれる量が多い順に並べた時、正しいものは次のどれか。

1. C → N → O → H
2. H → C → N → O
3. H → O → C → N
4. H → N → O → C

Question 11

太陽活動に関して、間違っているものはどれか。

1. 太陽の中心核で起こる熱核融合反応が太陽活動の源である
2. 太陽の中心核で発生したエネルギーは、対流によって数カ月で太陽表面まで運ばれる
3. 太陽の中心核で発生するエネルギーは一定だが、太陽活動は 11 年周期で変化する
4. 黒点は活動周期の開始直後は高緯度域（± 30 度付近）に出現するが、周期の終わり頃には赤道付近に出現するようになる

Answer 1　■■■■

④ 太陽の中心核は約 140 万 K である

太陽の中心核は約 1400 万 K。約 1000 万 K を超えないと水素の核融合反応が連続的に起こらない。

Answer 2　■■■■

② 彩層やコロナにある大量のガスのかたまり

太陽表面から彩層やコロナへ伸びる磁力線の構造によって、彩層やコロナに大量のガスが溜まったり、噴出したりしているのがプロミネンスである。

Answer 3　■■■■

① ジョージ・ヘール

アメリカのウィルソン山天文台の初代台長であるヘールは 1908 年に、黒点に 2000 ～ 3000 ガウスの磁場があり、スペクトルの吸収線を分離させていると発表した。また、太陽活動はおよそ 11 年の周期で変動するが、太陽磁場極性の反転を考慮すると 22 年周期で変動する（ヘール・サイクル）とした。

Answer 4　■■■■

④ 太陽面上にあるプロミネンスは、光球からの光を散乱するため、輝線で輝いて見える

太陽面上にあるプロミネンスは、光球からの光を吸収しダークフィラメントとして観測される。プロミネンスが太陽の縁にくると、太陽光を散乱するため、輝線で輝いて見えるようになる。皆既日食時にプロミネンスが輝いて見えるのは、輝線による放射が原因である。

Answer 5　■■■■

① 放射層→　対流層→　彩層→　コロナ

対流層の最上部が光球であり、光球より内側の対流層と放射層の構造は、日震学と呼ばれる方法で調べられている。地球上では、地震の波の伝わり方をもとに、地球の内部構造が調べられる。日震学では、太陽表面の様々な振動の様子を観測することで、太陽内部の情報を引き出すことができる。

Answer 6　■■■■

② 地球の大気が太陽からの X 線を吸収して地上に X 線が届かないため

地球大気は X 線やエネルギーの高い紫外線を吸収する。そのため地上へ X 線が届かない。生命の活動にとっては欠かせない環境である。

Answer 7　■■■■

② 黒点には約 6000 テスラの磁場領域をもつものが存在する

観測史上最強の磁場をもつ黒点は、典型的な黒点磁場の 2 倍以上、6000 ガウスの磁場領域をともなっていた。磁場（磁束密度）の単位として天文学ではしばしばガウスが用いられる（1 テスラ＝ 1 万ガウス）。

Answer 8　■■■■

③ 3.9×10^{23} kW

太陽は地球を照らし、エネルギーを届ける。このエネルギーは地球に降り注ぐだけではなく、太陽から地球までと同じ距離にある場所では、どこでも同じ量のエネルギーが届いている。つまり、太陽を中心として半径が 1 億 5000 万 km の球の表面では、どこでも 1 m^2 あたり 1.4 kW のエネルギーが入射している。このエネルギーを合計した量が、太陽全体から放出されているエネルギーの量である。

1.4 kW $\times 4 \pi r^2$
$= 1.4$ kW $\times 4 \pi (1.5 \times 10^8 \times 10^3$ m$)^2$
$= 3.9 \times 10^{23}$ kW

Answer 9　■■■■

① 太陽の色や線スペクトルの観測によって、温度を推定した

どの元素からの線スペクトルがどれくらい強く見えているかを観測すれば、太陽表面の温度を推定できる。惑星は、惑星内部の熱で暖められたり、いろいろな要因で温度が変化するため②は誤り。また、太陽の温度は非常に高く、宇宙船や温度計も近づくとガスになるため③④も誤り。

Answer 10　■■■■

③ H → O → C → N

H が最も多く約 73 ％ を占め、次に多いのが He（約 25 ％）である。CNO サイクルを担う元素はわずかな量しか存在せず、多い順に、酸素（約 0.8 ％）、炭素（約 0.3 ％）、窒素（約 0.1 ％）である。

Answer 11　■■■■

② 太陽の中心核で発生したエネルギーは、対流によって数カ月で太陽表面まで運ばれる

太陽の中心核で発生したエネルギーは、太陽の放射層を数万年から数十万年かけてゆっくりと拡散で伝わる。放射層の上端まで伝わったエネルギーは、一転してあっという間に（数カ月程度で）、対流層の底から表面まで対流によって運ばれることになる。つまり、対流がエネルギー輸送を担うのは、数万年から数十万年に及ぶ太陽内部のエネルギー輸送過程の最後の一瞬だけである。

★ おまけコラム ★

宇宙天気予報

　フレアやコロナ質量放出は生活に影響が及ぶため、太陽の活動を監視して、地球への影響を予測し、情報提供するシステムが宇宙天気予報である。国内では、NICT がその業務を行っており、インターネットで情報公開している。影響の大きい、宇宙開発、航空や船舶、電力事業関係者などは、宇宙天気予報の情報をもとに業務に携わっている。

まだ謎だらけ（!）の太陽系

2006 年に太陽系にある天体が定義付けされ、惑星・準惑星・太陽系小天体という大まかな 3 区分ができ、太陽系の知見も広がりつつあるが、特に海王星以遠の太陽系外縁部は未発見の天体が未だ多く眠っている。2019 年にニューホライズンズ探査機が太陽系外縁天体の 1 つ、アロコス（仮符号 2014 MU$_{69}$、通称ウルティマトゥーレ）のフライバイ探査に成功し、太陽系外縁部の研究が増々進展すると期待されている。
※木星と土星の衛星数は、確定番号が付いている数。軌道が未確定で仮符号だけが付いたものも含めると 2021 年 2 月時点でそれぞれ 79 個、82 個（同一天体の可能性もしくは粒子塊の可能性があるものを含めた場合は 85 個）。

火星の素顔

火星は、いまでこそ、赤褐色の砂に覆われた乾いた惑星のようにみえるが、かつては大量の水があったと考えられており、現在でも極冠（火星の両極地方に見られる白く輝く部分）の下に大量の水が凍っていると推測されている。

ESA（欧州宇宙機関）が打ち上げた火星探査機マーズエクスプレスがとらえた火星クレーター底の凍った湖。
©ESA ／ DLR ／ FU Berlin

火星探査ランダー、フェニックスのロボットアームが火星地表をすくった跡。左画像の左下隅にあった水の氷が、4日後の右では蒸発して消えている。
©NASA/JPL-Caltech/University of Arizona/Texas A&M University

形状の季節変化から近年に液体が流れた痕であると考えられていた、斜面に繰り返し出現する筋（Reccurent slope lineae、RSL）は、最近の研究で乾いた砂や固体微粒子が滑り落ちた痕である可能性が指摘されている。固体微粒子が滑り落ちる原因はまだわかっていないが、水を含む鉱物が関わっている可能性も考えられる。
©NASA/JPL-Caltech/UA/USGS

火星探査ローバー、オポチュニティにより発見された火星の球状ヘマタイト（赤鉄鉱）。平均直径4mmのボールは、火星表面の水の流れによって鉱物が沈殿して形成されたと考えられる。©SPL/PPS通信社

炭素原子　　　　　　　　酸素原子　　　　　　　　水素原子

火星周回探査機 MAVEN（Mars Atmosphere and Volatile EvolutioN）が観測した、火星上空での炭素原子（左）、酸素原子（中）、水素原子（右）の分布の様子。図中の赤い線の丸印が火星表面を示しているが、火星表面より上層にも各原子が存在していることがわかる。これは、各原子の元となる二酸化炭素や水が宇宙空間へと散逸しているプロセスがあることを示している。©NASA/Univ. of Colorado

火星のオリンポス山は標高約 25,000 m、直径約 600 kmの太陽系で最大級の火山。写真は 1978 年にバイキングが撮影したものから合成した。©NASA/JPL

1節 惑星が惑う星と呼ばれるわけ

ポイント さそり座を見ようと思ったら夏、オリオン座を見ようと思ったら冬に夜空を見上げればよい。でも、惑星は星座と違って決まった季節に見えるわけではない。日を追うごとにその位置を変えていく。まるで不規則とも思える惑星の見かけの動きについて理解しよう。

▶ 順行・逆行・留
　☞用語集

▶ **惑星が最も明るく見えるのはいつ？**
外惑星は衝の頃が最も明るい。地球に一番近くなるからだ。ところが満ち欠けをする水星は地球から一番遠い外合の頃が満月状態となり最も明るい（ただし外合時は太陽に近いので観察は困難）。金星も同じく満ち欠けをする惑星だが、内合と外合では地球からの距離が大きく異なり、視直径は10秒～60秒角の間で大きく変化するため、地球に近い内合前後の方が明るく見える。ただし、視直径が最大となる内合時は、新月と同じように見ることはできないため、最大光度となるのは内合と最大離角の中間くらいで、太めの三日月型をしている頃だ。

▶ 視直径 ☞用語集

攻略ポイント
東方（西方）最大離角の頃には、どの惑星が・いつ頃・どの方角に見られるか？

1 さまよう星 "惑星"

　古代の人々も、肉眼で見える水星・金星・火星・木星・土星は星座の星々とは見え方が違うことに気がついていた。たとえば、しし座付近で見えていた火星が少しずつ東へ移動し3カ月後にはおとめ座で見え、さらに東へ移動した3カ月後には、いて座で見えるという具合だ。しかも、途中で少しだけ西へ戻ることもある。まるで星座の中をさまよっているようにも見える。惑星のことを英語で planet というが、この語源はギリシャ語で「さまよう人」を意味する planetes からきている。「惑」にも、「惑う」とか「惑わす」という意味があるが、まさに夜空を移動する「惑う星」、あるいは我々を「惑わす星」なのだ。

　今では我々は、なぜ惑星が星座の星々とは違う動きをするのか、その仕組みを知っている。惑星が太陽の周りを回っているからだ。太陽系の惑星は、

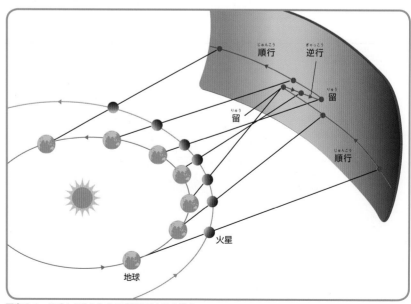

図表 3-1 地球から見たときの惑星の見かけの動き

● 探査機ジュノーのとらえた木星（画像）
左：©NASA/SwRI/MSSS
右：©Keven M. Gill (CC-BY), NASA/
JPL-Caltech/SwRI/MSSS

太陽の周りをみんな同じ向きに公転しているので、地球から見ると、黄道付近に沿って少しずつ東へ移動（**順行**）していくように見える。もし、逆向きに公転している惑星があったら西へ移動していくだろう。このように通常は東へと移動していくのだが、やっかいなことに我々が住んでいる地球も太陽の周りを回っているので、地球から見た惑星の動きは少々複雑になる。内惑星は、ときどき地球を追い抜き、外惑星は地球に追い抜かれることがある。その様子を地球から見ると、東へ移動していた惑星が西へ戻るように見えるのだ（**逆行**）。

図表 3-2　肉眼で見られる 5 つの惑星の見かけの動きの特徴

水星	太陽に近く公転周期が短いため、日々大きく移動する。1、2 カ月ごとに西方最大離角・東方最大離角をむかえるので、そのたびに明け方の東の空・夕方の西の空に見られる。
金星	水星ほど動きは速くはないが、宵の明星として夕方の西の空に見えていたと思うと、数カ月後には明けの明星として明け方の東の空に移動している。
火星	地球に近いので、約 2 年 2 カ月ごとの地球との接近のときには動きの変化が大きい。接近の前後（衝の頃）約 2 カ月間は夜空を逆行している様子が見られる。
木星	黄道 12 星座の中を 1 年に 1 つずつ移動し、12 年かけて一周する。12 年で一回りすることから中国では歳を表す星という意味の「歳星」と呼ばれていた。
土星	約 30 年かけて黄道 12 星座を一周する。1 つの星座を 2 年くらいかけて移動するので、何年間か続けて同じ季節に見られる。

② 惑星の見え方の特徴

　見かけの位置が太陽に近い水星・金星は、まぶしい太陽が地平線の下にあるとき（日の出前か日の入後）に見られる。**西方最大離角・東方最大離角**の頃が見ごろ。外惑星は、**衝**のときに真夜中に南中し一晩中見えるので、衝の前後数カ月間が見やすい。

図表 3-3　地球と内惑星・外惑星の位置関係

▶ 東方（西方）最大離角 ☞用語集

▶ **逆戻りする太陽 ?!**
つぶれた楕円軌道をもつ水星では、近日点付近で公転速度が自転速度を上回るので、太陽が少しの間逆戻りするように見える。もしこれが日の出の頃に起きたら、2 度日の出が拝めることになる！しかも、近日点の時は遠日点より約 1.5 倍太陽が大きく見えるだろう。

▶ 衝 ☞用語集
▶ 合 ☞用語集
▶ 東矩、西矩 ☞用語集

プラスワン

君も市民科学者
木星を写真に撮ってみたい！でも大きな望遠鏡がない。そんな人は一般公開された探査機ジュノーの最新データを画像処理してみては？以下からダウンロードできる。渦巻く雲が描く模様など、天文ファンが創り上げた画像はまるでアートのようだ。
https://www.missionjuno.swri.edu/junocam

油絵風に仕上げた渦巻く雲。
©NASA/JPL-Caltech/SwRI/MSSS/Rick Lundh

2節 ケプラーの法則の真の意味

ポイント ケプラーが解明した惑星の運動の法則は、ニュートン力学に引き継がれ、天体の運動だけではなく、様々な物体の運動にも関連している。惑星の規則的な公転運動からわかることをみてみよう。

▶ **離心率**

焦点 S（太陽）と S' が中心 O から離れている割合を離心率という。軌道長半径（長い方の軸の半径）を a、離心率を e とすると、近日点距離は $a(1-e)$、遠日点距離は $a(1+e)$ となる。つまり離心率が 0 のときは、$a(1-e) = a(1+e)$ となり円を表す。離心率が 1 のときは放物線を表す。水星以外の惑星の e は 0.1 未満、つまりほぼ円に近い楕円軌道をもつ。水星は $e = 0.206$ である。

▶ **第 2 法則**

図表 3-4 において、ある一定の時間内に、A の位置の惑星は B に、C の位置の惑星は D に、E の位置の惑星は F に移動したとする。そのとき、太陽と惑星を結ぶ線分が描く面積 SAB、SCD、SEF が常に等しくなるように惑星は運動する。また、近日点と遠日点では $v_1 r_1 = v_2 r_2$ となる。これがケプラーの第 2 法則である。なお、ケプラーの 3 つの法則は、惑星と衛星（あるいは人工衛星）との間でも成り立つ。

▶ **焦点** ☞用語集

▶ **遠日点・近日点** ☞用語集

① 惑星の軌道は楕円だった

まだ惑星の軌道が円なのか楕円なのかわかっていなかった 17 世紀初頭、惑星の運動の基本的な法則を発見したのがヨハネス・ケプラーだ。

＜ケプラーの法則＞

第 1 法則：惑星は太陽を 1 つの**焦点**とする楕円軌道を公転する。

第 2 法則：惑星は、太陽と惑星を結ぶ線分が、単位時間に一定の面積を描くように運動する。つまり、惑星の公転速度は**近日点**付近では速く、**遠日点**付近では遅くなる。

第 3 法則：惑星の**軌道長半径**の 3 乗と、惑星の公転周期の 2 乗との比は、どの惑星でも一定である。軌道長半径を a（天文単位）、公転周期を P（年）とすると、すべての惑星について $a^3 / P^2 = 1$ となる。つまり、太陽から遠い惑星ほど公転速度が遅い。

図表 3-4 惑星の楕円運動
S（太陽）と S' が楕円の焦点。r_1、r_2 は近日点 A、遠日点 E における惑星－太陽間の距離。v_1、v_2 は A、E における惑星の公転速度。

② 万有引力の発見

ケプラーによって経験的に発見された法則を理論的に証明したのがアイザック・ニュートンである。ニュートンは、惑星が太陽の周りを公転するのは、惑星と太陽との間に働く力、引力があるからではないかと考えた。そして、ケプラーの法則とニュートン自身の運動法則から、太陽の質量と惑星の質量の積に比例し、距離の 2 乗に反比例するような力が太陽と惑星の間に働いていることを見出したのである。これが**万有引力**である。ニュートンは、この引力が天体に限らずあらゆる物に働くと考えた。

3 ケプラーの法則からニュートン力学へ

ケプラーの第2法則は「**面積速度一定の法則**」とも呼ばれ、後のニュート

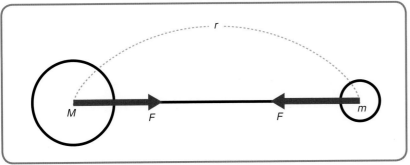

図表 3-5　万有引力
万有引力 F の大きさは、物体の質量を M, m、物体間の距離を r とすると、$F=G\dfrac{Mm}{r^2}$ となる。G は万有引力定数。

ン力学の「角運動量保存則」と同じ意味である。外から何も力（摩擦など）が働かないかぎり、回転している物体の角運動量は保存される、というものだ。他に角運動量が保存している例としてフィギュアスケート選手のスピンがある。角運動量 L は、物体の重さを m、回転する物体の半径を r、速度を v とすると、$L=mrv$ で表されるので、腕を伸ばすと（半径が大きくなると）遅く回転し、腕を縮めると高速回転になるのだ。

4 惑星までの距離はどうやって測る?

ケプラーの第3法則のおかげで、観測から惑星の公転周期を知ることで、惑星までの平均距離が天文単位という「比率」でわかるようになった。これを「実際の距離（km）」にするためには、どこか1カ所でも実際の距離がわかればよい。縮尺を計算して、他の惑星の距離も比率から km に直すことができるからだ。たとえば、金星の太陽面通過（☞3級テキスト4章6節）を地球上の2カ所以上の地点で観測すると、地球上の観測地点間の距離は実際に計測できるので、三角測量の原理を使うことで手の届かない金星までの距離がわかるのだ。最近では、近くの惑星の距離は三角測量の代わりにレーダーで測定したり、惑星探査機の運動を調べたりすることで、さらに精度の良い測定が行われている。

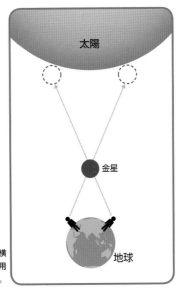

図表 3-6　金星の太陽面通過の観測
離れた2地点間で同時に観測すると太陽面を横切る金星の位置がずれて見える。この視差を利用して地球−金星間の距離を求めることができる。

▶ **軌道長半径** ☞用語集

プラスワン

1年の半分は何日?
春分点、秋分点は地球の公転軌道を二分する点である。当然、春分の日と秋分の日の間の日数は1年の半分、つまり同じ日数になるものと思うが、実はケプラーの第2法則により春分から秋分までの日数の方が少しだけ長いのだ。

▶ **天文単位** ☞用語集

▶ **三角測量** ☞用語集

▶ **満月の月齢は変化する!**
満月と言えば、十五夜のお月さまから連想するように月齢は15と思うかもしれない。しかし、満月の月齢は毎月13.9〜15.6の間で変化する。なぜならケプラーの法則通り、地球を公転する月も楕円軌道のため、月が地球に近い時は速く、遠い時は遅く動くからだ。もし新月から満月の間に、月が公転スピードの速いところを移動中だったら、満月になるまでの時間は短くてすむので、月齢も小さくなる。その逆だと月齢は大きくなる、というわけだ。

③ 太陽系の最果てには何がある

> **ポイント** 太陽系がどこまで続いているのか、まだ研究の段階ではあるが、観測技術の進歩とともに地球からより遠い天体まで見えるようになり、それに伴って我々が直接知ることのできる太陽系の大きさが広がってきた。

プラスワン

最も遠い天体
太陽系外縁天体 2012 VP_{113} は、太陽に最も近づく時でも約 80 天文単位と、海王星までの 2.7 倍もあり、近日点距離が最も遠い天体だ。他にも、近日点距離 76 天文単位のセドナ、65 天文単位の 2015 TG_{387} など、遠い天体が続々と発見されている。これらは遠日点距離が数百〜数千天文単位あり、太陽の周りを公転するのに数百〜1万年以上もかかる。オールトの雲から来た天体なのかもしれない。

▶ **エッジワース・カイパーベルト** ☞用語集

▶ **ボイジャー1号、2号**
NASA の探査機で、1977年9月にボイジャー1号が、同年8月に2号が打ち上げられた。木星・土星・天王星・海王星に接近したのち、太陽系の外側へと飛行を続けている。進むスピードは1号の方が速く、地球から最も遠い探査機となった。2018年、ボイジャー2号も太陽から 120天文単位のところで太陽圏から脱出した。

▶ **オールトの雲** ☞用語集

① 広がる太陽系?!

地動説の普及とともに、水星・金星・火星・木星・土星の5つの惑星は、太陽の周りを回る天体であることが認知された。また、ハレー彗星などの彗星も、ニュートンの万有引力の法則により、太陽の周りを公転する天体であることがわかった。さらに、1781年に天王星の発見、1846年に海王星、1930年に冥王星の発見と、観測技術の発展とともに、太陽系の大きさが広がっていった。そして、新たな惑星を発見しようと観測が進み、1992年に海王星よりも遠くで**エッジワース・カイパーベルト天体** 1992 QB_1 が発見された。その後も同じような領域で続々と小天体が発見され、ついに 2005年、冥王星よりも大きな天体エリスが発見された。その頃までには冥王星やエリスに似たような小天体がたくさん発見されてきたため、2006年、国際天文学連合は惑星の定義をつくり、冥王星やエリスを**準惑星**という新しい分類に分けたのである。

図表 3-7 ボイジャー1号、2号の打ち上げから現在までの経路。各惑星でスイングバイし、加速しながら進んだ。ボイジャー1号はあと 300年くらいでオールトの雲に到達するのではと考えられている。

② 太陽の影響力 "太陽風" はどこまで届く?

　太陽からは、**太陽風**と呼ばれるプラズマ粒子が超高速（300 ～ 700km/s）で絶え間なく吹き続けている。太陽風は太陽系の中を通り抜ける間に少しずつ速度が遅くなり、海王星よりも先になると星間ガスとぶつかって急激に減速され衝撃波面が形成される。2004 年 12 月に探査機ボイジャー 1 号がこの場所を通過した。これより先は、次第に太陽風が星間ガスの圧力と釣り合って、あるところでほぼ止まってしまう。この境界を**太陽圏界面（ヘリオポーズ）**という。ボイジャー 1 号から届くデータを分析したところ、2010 年 6 月以降、太陽からおよそ 110 天文単位のところから太陽風の速度がほぼ 0 になっていることがわかった。そして 2012 年 8 月以降、ボイジャー 1 号はかつてない高密度のプラズマで満たされている領域に入っていることがわかり、その時点をもって**太陽圏（ヘリオスフィア）**を脱出し、恒星間空間に入ったと考えられている。太陽からおよそ 125 天文単位のところであった。

③ 太陽系はどこまで続いている?

　太陽風が届く範囲の先にも太陽系外縁天体は発見されている。太陽の引力が及ぶ範囲はもっと広いからだ。では、どこまで続くのだろうか。そのヒントは彗星にある。地球に近づいたことのある彗星の軌道を逆にたどっていくと、もともと彗星がいた場所が推測できる。1 つは、**オールトの雲**と呼ばれる、太陽系を包むように広がる半径 1 光年ほどの球殻状の領域だ。あまりにも遠いため、小さな彗星が実際にそこにあるかどうか観測されてはいないが、逆向きに公転しているものや、黄道面に対して垂直の方向からやってくるものなど、あらゆる方向からくる彗星が見つかっている。いろいろな方向からやってくる**長周期彗星**は、もともとオールトの雲の領域にいて、なんらかの影響で軌道が変化し、太陽の引力に引かれて太陽系の中心までやってくるのではないかと考えられている。

　一方、惑星の軌道面とほぼ同じ方向からやってくる**短周期彗星**がいる領域としてエッジワース・カイパーベルトが考えられている。オールトの雲と違って、この領域には実際にたくさんの天体が見つかっている。

　太陽系の大きさに明確な定義はないが、太陽の引力が及ぶ範囲、つまり太陽の周りを回っている最も遠い天体がある領域はオールトの雲のあたりだと考えられている。

図表 3-8　オールトの雲とエッジワース・カイパーベルト

▶ **太陽系の果てへの挑戦**

NASA の探査機ニューホライズンズは、2015 年に冥王星に最接近。窒素の氷で覆われた平原や標高 3500m 級の氷山が連なる地形など、冥王星が予想以上に複雑な地形をもつことが明かされた。ニューホライズンズは 2019 年 1 月にカイパーベルト天体アロコスにも最接近した。今後も複数のカイパーベルト天体を観測する予定だ。

冥王星の幾重もの窒素大気の層
©NASA/JHUAPL/SwRI

▶ **太陽系のタイムカプセル**

アロコスはその姿から、2 つの塊が回り合いながら、ゆっくりと近づきくっついたのではないかと考えられている。約 40 億年前にできたと推測されるアロコスは、惑星が形成された頃の様子を見せてくれるタイムカプセルだ。

長さ約 35km のアロコス
©NASA/Johns Hopkins University Applied Physics Laboratory/ Southwest Research Institute/ Roman Tkachenko

▶ **周期彗星** ☞用語集

▶ **176 年に一度のチャンス**

ボイジャー 2 号が打ち上げられた 1970 年代後半、木星から海王星までの並びは、「惑星スイングバイ」を利用して次々に接近できる最高の配置だった。このタイミングを逃すと次は 176 年後。ジェット推進だと大量の燃料が必要なうえに海王星まで 30 年もかかる計算だった。

3章 4節 太陽系のつくり方

ポイント 太陽系の質量は、そのほとんど（約99％）を太陽が占めている。残りの材料からどのようにして惑星が形成されたのだろうか。また、なぜ木星は大きな惑星へと成長できたのだろうか。最新の理論と観測結果からわかってきた太陽系の起源についてみてみよう。

プラスワン

探査機ドーン

2007年に打ち上げられたNASAの探査機ドーンは、小惑星帯にあるベスタとケレスを探査した。2018年に観測は終了したが、ケレスに有機物や液体の塩水が見つかったことから、ケレスの環境を守るため、ドーンは落下させず今後数十年間ケレスの周りを回り続けることになっている。

ケレスのオッカトル・クレーターの地形図。中央からは液体の塩水がしみ出ていたことがわかった。
©NASA/JPL-Caltech/UCLA/MPS/DLR/IDA

● **隕石は宝の山**
宇宙から飛来した隕石は、太陽系の起源を知るための鍵が詰まっている。隕石は約46億年前に形成された太陽系で最も古い岩石であり、その構成物質がどのようにしてつくられたのかを調べることは、誕生したばかりの太陽系がどのような環境だったかを知ることにつながるからだ。

1 惑星はどうやってできた?

　地球ができたのは今からおよそ46億年前。46億年という数字は、隕石の年齢や地球上に存在する最も古い岩石や鉱物の年齢など様々な状況証拠から推測されたものである。現在考えられている太陽系形成の基本的なシナリオは、1980年頃に京都大学の林忠四郎が提唱した京都モデルが標準となっている。それによると、およそ次のような過程でつくられたと考えられている。

（1）太陽が形成されたときの残りの材料から、太陽の周りにガスや塵からなる**原始太陽系円盤**ができる。

（2）円盤のなかの塵がどんどん集まって、直径数kmくらいの**微惑星**がたくさんできる。

（3）微惑星の衝突合体により**原始惑星**が形成される。

（4）原始惑星の巨大衝突により地球型惑星が形成される。木星型惑星は大きく成長した原始惑星がガスを大量に集積してできる。ガスを十分に集めきれなかった原始惑星が天王星型惑星となる。

　現在では、原始惑星系円盤をもった太陽系以外の星の姿も観測できるようになり、観測と理論の両方から惑星形成の研究が進んでいる。

図表 3-9 原始太陽系円盤の中で微惑星が衝突、合体しながら成長していくイメージ図。
©国立天文台・神林光二

② 木星はどうして巨大惑星になれたのか

大きな原始惑星に成長できるかどうかは、元になる材料が周りにたくさんあるかどうかが鍵の1つとなる。火星と木星の間は、水の昇華温度となる場所で（**雪線**またはスノーラインという）、これよりも太陽に近い側では、水は水蒸気となり、外側では氷となる。木星から遠くには氷も含めて材料がたくさんあったため、大きく成長し、その強い重力で大量のガスをかき集めて現在の木星・土星になったと考えられている。一方で、原始惑星の形成は太陽から遠いほど時間がかかる。遠いほど材料がまばらになっていくからだ。天王星・海王星は大きくなる前に原始太陽系円盤のガスがなくなってしまい、ガスを十分に集められなかったのではないか、というのが現在考えられているシナリオだ。

③ 火星と木星の間にはなぜ惑星がない？

火星と木星の軌道の間には、小惑星が無数に帯状に分布している**小惑星帯**がある。これらはなぜ1つの惑星にならなかったのだろうか。原始太陽系円盤の中からできた微惑星は、ほぼすべて同じような向きと円に近い軌道で公転しているため、衝突しても壊れるほど激しいものではなく、互いにくっついて大きく成長していく。ところが、木星の軌道のすぐ内側あたりでは、先に成長して大きくなった木星の巨大な引力の影響で微惑星の軌道が乱され、お互いに激しく衝突して壊れた結果、たくさんの小惑星ができたと考えられている。または、もともとこのあたりには惑星の元となる材料が少なかったからという説もある。事実、小惑星帯の天体を全部合わせても月よりも小さいのだ。

図表 3-10 小惑星ベスタの南半球の標高差を色分けした地形図。ベスタの直径にも匹敵する巨大クレーター「レアシルヴィア」（直径500km）は、より古いクレーター「ベネネイア」を一部覆い隠している。この時の衝突のインパクトでできた破片が共に同じ軌道を公転し、ベスタ族と呼ばれる小惑星の集団を構成している。©NASA/JPL-Caltech/UCLA/MPS/DLR/IDA/PSI

レアシルヴィア・クレーター（約10億年前の衝突）

ベネネイア・クレーター（約20億年前の衝突）

◉ 太陽面通過 ☞用語集

◉ **雪線（スノーライン）**
原始太陽系円盤の中には水が存在していたと考えられている。ただし、太陽の近くは温かいので水は気体となり（円盤内では圧力が低いため液体とならず昇華して気体となる）、遠く冷たいところでは氷となる。この境界の場所を雪線（スノーライン）と呼ぶ。現在の太陽系の水の雪線は約3天文単位にある。

◉ **小惑星は兄弟同士**
1918年、平山清次は小惑星の中には軌道が似ているものがあることを発見した。そのような集団を「族」と呼び、元は1つの天体が他の天体と衝突し、できた破片が兄弟のように同じ軌道で公転していると考えられている。最近では衝突の現場もとらえられている。

小惑星同士の衝突でできたX字型の構造。© NASA, ESA, and D. Jewitt（UCLA）

プラスワン

ベスタは原始惑星の生き残り
小惑星ベスタは、小惑星にしては珍しく中心核、マントル、地殻の層構造をもち、地球型の惑星に似ている。またHEDと呼ばれるタイプの隕石は、ベスタ内部の複数の層から衝突によって地球にやって来たものと考えられている。探査機ドーンの重力データも、ベスタの内部が分化していることを裏付けた。ベスタは原始惑星がそのまま生き残った姿なのかもしれない。

3章 まだ謎だらけ（！）の太陽系

⠆⠆ おかえり！　はやぶさ2、また行ってらっしゃい！

ついに帰ってきた竜宮の玉手箱

　2018年6月に小惑星リュウグウに到着した「はやぶさ2」が、2020年12月、地球に帰ってきた。カプセルにはリュウグウで詰めた小石をもって。これを開ければあっという間に昔の太陽系の情報にたどり着けるはずだ。最初の選別で、直径数mm〜1cmほどの小石が入っていることがわかった。細かい粒子も含めて全部で5.4gほどありそうだ。半年間はクリーンルームで観察し初期分析を行うため、研究者の手に渡るのはその後だ。今後の科学分析が待ち遠しい。一方「はやぶさ2」本体は再び宇宙へと旅立った。次の目的地、小惑星1998 KY26には2031年到着の予定だ。

約30秒間、カプセルは火球となって尾を引きながら夜空を走り落下した。©JAXA

少しずつ明かされるリュウグウの起源

　今のリュウグウの軌道は近日点が地球の軌道付近にあるが、これまでの研究から、誕生した時は小惑星帯の中にいたと考えられている。はやぶさ2がリュウグウ表面のクレーターと反射スペクトル（色）の関係を調べたところ、古いクレーターは周囲と同じくらい赤く、若いクレーターは青いことがわかった。小惑星表面が赤くなるのは、太陽による加熱や風化が主な原因だ。また、クレーターの色は赤か青ではっきりわかれており、その中間のものがない。赤く変化した期間は短かったことが推測される。これらは、リュウグウが小惑星帯から今の軌道に変化する途中、太陽に近づく軌道に短期間だけいたことを物語っている。タッチダウンで、赤と青の両方の物質が採取できていれば、軌道の変化などが解明できるかもしれない。

白丸がクレーター。内部が青いB1やB2クレーターは他のクレーターより上にあることから若いクレーターであることがわかる。©Morota et al., 2020 から一部改変

　「はやぶさ2」は人工クレーターを作る新しい技術にも挑戦した。地下の新鮮な物質を観測できるからだ。2回目のタッチダウンではここから採取しているため、1回目に採取したものと比較することで、風化の影響が詳しくわかると期待される。NASAの小惑星探査機オシリス・レックスもタッチダウンに成功し、2023年に小惑星ベンヌのかけらを持ち帰ってくる予定だ。今後、両者の比較も楽しみである。

リュウグウに2kgの銅をぶつけて人工クレーターを作った際に物質が円錐状に飛び散った。©Arakawa et al., 2020

Question 1

ある日の夕方、とても明るい金星が西の空に見え、望遠鏡で拡大してみると三日月型に見えた。この頃、金星は軌道上のどの位置のあたりにいたと考えられるか。

1. 外合と東方最大離角の中間
2. 東方最大離角
3. 内合と東方最大離角の中間
4. 内合

Question 2

2021 年は 8 月 20 日に木星が衝となり、一晩中見頃だ。真夜中には南の空、みずがめ座のあたりに木星が見られる。2022 年の夏頃の真夜中には、どの星座のあたりに木星が見られるか。

1. しし座　2. うお座　3. はくちょう座　4. さそり座

Question 3

地球から見て、火星が逆行しているように見えるのは、火星がどの位置関係にあるときか？ なお、←は地球および火星が公転する向きを示している。

Question 4

次のうちケプラーの第 3 法則はどれか。

1. 太陽と惑星の間に働く力は質量の積に比例し、距離の 2 乗に反比例する
2. 惑星は太陽を 1 つの焦点とする楕円軌道を公転する
3. 惑星は、太陽と惑星を結ぶ線分が、単位時間に一定の面積を描くように運動する
4. 太陽からの平均距離の 3 乗と、惑星の公転周期の 2 乗との比は、どの惑星も一定である

Question 5

月は地球の中心から約 38 万 km のところを約 27 日で公転している。惑星分光観測衛星「ひさき」は高度約 1000km のところを周回しているが、その公転周期はどのくらいか？ 地球の半径を 6000km として考えよ。なお、$\sqrt{7}$ = 2.6、$\sqrt{10}$ = 3.2、$\sqrt{38}$ = 6.2 とする。

1. 約 100 分　2. 約 50 分
3. 約 24 時間　4. 約 12 時間

Question 6

春分の日と秋分の日の間の日数について正しく説明しているのはどれか。ちなみに、地球は毎年 1 月上旬頃に近日点を通過する。

1. 春分から秋分までの日数の方が短い
2. 秋分から春分までの日数の方が短い
3. 1 年の半分、つまりほぼ同じ日数になる
4. どちらの日数の方が短いかは毎年異なる

Question 7

太陽系の惑星の説明として間違っているのは次のうちどれか。

1. 木星が太陽面を通過するときには金星よりも大きな黒丸が見える。
2. 金星と木星が同じ空に同時に見えることがある。
3. 外惑星は真夜中にも見える。
4. 内惑星は満ち欠けする。

Question 8

惑星探査機ボイジャー 1 号は、2010 年 6 月に太陽風の速度が 0 になる場所にたどりついた。これは、何を意味するか。

1. オールトの雲の中心部に突入した
2. 太陽圏界面に接近した
3. 準惑星エリスに接近した
4. エッジワース・カイパーベルトを抜けた

Question 9

太陽と地球の距離を 1 m としたとき、太陽系の果てにあると推定されているオールトの雲はどのあたりにあると考えられるか。

1. 数十 m 程度　2. 数百 m 程度
3. 数 km 程度　4. 数十 km 程度

Question 10

太陽系形成のシナリオとして有望視されている京都モデルによると、惑星はどのように誕生したと考えられているか。

1. 原始太陽が爆発した際に飛び散った物質が集まってできた。
2. 巨大な太陽フレアの衝撃波によってガスと塵が圧縮されてできた。
3. 原始太陽系円盤の中の塵が集まって微惑星となり、それらが衝突合体して惑星ができた。
4. 原始太陽系円盤の中のガスと塵が集まって原始ガス惑星となり、その中で塵が中心部に沈殿して核をもつ惑星ができた。

Answer 1

❸ 内合と東方最大離角の中間

金星は、内合と外合では地球からの距離が大きく違うため、地球に近くて見かけが大きく見える内合前後の方が特に明るく見える。内合の時は、太陽と同じ方向にあるため、新月と同じように見ることはできない。東方（西方）最大離角の時の金星は半分だけが照らされて見える。内合前後では、それよりも細い形に見える。

Answer 2

❷ うお座

木星は黄道十二星座の中を約1年に1つずつ東へ移動していくのが特徴だ。1年後には隣の「うお座」あたりに見られる。しし座とさそり座も黄道十二星座だが、夏の真夜中には地平線の下にあって見られない。惑星は黄道のあたりに見られるので、はくちょう座がある北寄りの空に見えることはない。

Answer 3

内側の軌道を回る惑星ほど公転が速い。❷のように火星が衝の位置にあるときは、地球が火星を追い抜くため、その前後の期間は地球から見ると火星が逆行しているように見える。

Answer 4

❹ 太陽からの平均距離の3乗と、惑星の公転周期の2乗との比は、どの惑星も一定である

惑星の運動に関する調和の法則ともいわれる。選択肢❷は第1法則、選択肢❸は第2法則である。ケプラーはガリレオと同じ時代、すなわち17世紀初頭に活躍した天文学者である。2人はライバルであり、文通もしていた。ケプラーの法則が発見されたのは、惑星が運動する原理である万有引力（選択肢❶）を発見したニュートンより前であり、惑星がなぜ動くかは法則に考慮されていない。

Answer 5

❶ 約100分

衛星「ひさき」の公転軌道の焦点は、ほぼ地球の中心近くにあるので、軌道長半径は（1000 + 6000）kmとなる。衛星「ひさき」の公転周期をPとすると、ケプラーの第3法則より、次の式が成り立つ。

$$\frac{380000^3}{27^2} = \frac{(1000+6000)^3}{P^2}$$

$$P^2 = \frac{7000^3 \times 27^2}{380000^3}$$

$$= \frac{7^3 \times 10^9 \times 27^2}{38^3 \times 10^{12}}$$

$$P = \frac{7\sqrt{7} \times 27}{38\sqrt{38} \times 10\sqrt{10}}$$

$$\fallingdotseq 0.065 \text{（日）}$$

およそ0.065日となり、これを分に換算すると約94分

となる。なお、ひさきの実際の公転周期は約106分である。

Answer 6

❷ 秋分から春分までの日数の方が短い

春分点、秋分点は地球の公転軌道を二分する点である。しかしながら、春分の日と秋分の日の間の日数は1年の半分、つまり同じ日数とはならない。なぜなら、ケプラーの第2法則により、地球は近日点付近で速く公転するため、近日点をはさむ秋分から春分までの日数の方が少し短くなるのだ。

Answer 7

❶ 木星が太陽面を通過するときには金星よりも大きな黒丸が見える。

木星は太陽系で最大の惑星であり金星よりも大きいが、外惑星が地球と太陽の間を通過することはないので、このような現象（惑星の太陽面通過）は見られない。❷内惑星は真夜中には見られないが、外惑星は夕方から真夜中、明け方にも見られる時期があるので、夕方か明け方に木星と同時に金星が見られることもある。

Answer 8

❷ 太陽圏界面に接近した

太陽圏界面（ヘリオポーズ）は、太陽風が、恒星間空間を吹く風とせめぎ合い、スピードが0になる場所である。距離は太陽から100天文単位程度で、海王星までの距離の2～3倍くらいであり、変化している。太陽風がそれより外に行けないという点で、太陽系の果てということもできる。ただ、太陽を取り囲むように、これよりはるかに大きな構造（半径1光年）のオールトの雲も考えられており、果てをどうとらえるかの表現には様々な考えがあることは注意しておきたい。

Answer 9

❹ 数十 km 程度

太陽系の果てにあるオールトの雲は太陽から数万天文単位の辺りにあると推定されている。太陽 - 地球間距離を1mとすれば数十kmに相当する。

Answer 10

❸ 原始太陽系円盤の中の塵が集まって微惑星となり、それらが衝突合体して惑星ができた。

❹は京都モデルに対抗する別のモデルによる考え方だが、現在では大まかなシナリオとしては京都モデルの方が有力だと考えられている。

4章

十人十色の星たち

ガンマ線	X線	紫外線	可視光	赤外線	サブミリ波	ミリ波	マイクロ波
		10nm　0.4μm　0.7μm			400μm	電波	

波長

紫青緑黄赤

ガンマ線　　X線　　紫外線　可視光　赤外線　　　　　電波

電場（電界）と磁場（磁界）が相互に影響し合って、波となって空間を伝わるものを電磁波という。波の繰り返しパターンの1つの長さを波長と呼び、1秒間に繰り返す波の回数を振動数（周波数）と呼ぶ。波が1回振動する間に波長分だけ進むので、振動数と波長をかけたものが波の速さとなる。電磁波は真空中を秒速約30万km（＝光速）で伝わる（水の中だと電磁波の伝わる速度は真空中の75％ぐらいになる）。

1nm（ナノメートル）は10億分の1m（100万分の1mm）、1μmは100万分の1m（1000分の1mm）を表す。人間の目が感じ取れる波長は400～700nm（0.4～0.7μm）くらいである。ただし、天文学では1μmまでを可視光と呼ぶことが多い。

電磁波は波長によって名前が異なり、波長の短い方から順に、ガンマ線、X線、紫外線、可視光、赤外線、電波と呼ぶ。波長によって性質や物質との作用が異なるのを利用して、ガンマ線はガン治療、X線はレントゲン撮影、紫外線は殺菌、赤外線はリモコンや暖房、電波は通信などに利用される。ガンマ線やX線、紫外線・赤外線・電波の一部は大気を透過できないので、宇宙望遠鏡や衛星で観測する。大気圏外からの天体観測は、大気による吸収、放射、散乱、ゆらぎなどの影響も回避できる。

元素周期表

宇宙空間には様々な種類の元素が存在する。それを似たような性質ごとに並べ替えたものが周期表だ。元素は恒星内部の核融合反応などで合成され、恒星の一生の終わりに宇宙空間にまき散らされる。それが新しい恒星や惑星の材料となるので、地球や我々生命はいわば星の子孫といえる。周期表や原子の構造などは、一見すると天文学とかけ離れているように見えるが、観測された光がどの種類の原子によるものなのか判定する必要があるため、実は天文学に必須の知識なのだ。

原子の構造（模式図）

特定の波長の光（電磁波）がやってくると、原子はそれを受け取り、電子の軌道がより外側へと変化する（吸収線（☞用語集）として観測される）。

しばらくすると、原子はより安定な状態に戻ろうとして、電子の軌道が変化し、このときもっている余分なエネルギーを光（電磁波）として放出する（輝線（☞用語集）として観測される）。

原子による光の吸収と原子からの光の放出（水素原子の例）

コラム

▶▶▶ 日本発・113番元素

　ニホニウム（113 Nh）は、2004年に日本の理化学研究所が発見した元素である。紆余曲折を経て命名権が日本に認められ、「ジャポニウム」「ジャパニウム」「ニッポニウム」などの名前候補が挙がったが、ニッポニウムは過去に一度新元素の名前として提案されており、再提案ができなかった。ジャパニウムやジャポニウムは、あくまで日本語にこだわりたいという理化学研究所の思いから退けられ、ニホニウムとなった。正式名称が決まったのは2016年11月のことである。

元素周期表

凡例

- 非金属元素
- 金属元素
- 遷移元素その他は典型元素
- 重元素

元素記号の見方：
原子番号 — H — 原子量 (1.008)
元素名 水素 — 元素記号
元素名（英語）Hydrogen

族（外側の電子の数が異なる）

周期（重くなる）

周期＼族	1	2	3	4	5	6	7	8	9	10	11	12	13	14	15	16	17	18
1	1(1.008) H 水素 Hydrogen																	2(4.003) He ヘリウム Helium
2	3(6.941) Li リチウム Lithium	4(9.012) Be ベリリウム Beryllium											5(10.81) B ホウ素 Boron	6(12.01) C 炭素 Carbon	7(14.01) N 窒素 Nitrogen	8(16.00) O 酸素 Oxygen	9(19.00) F フッ素 Fluorine	10(20.18) Ne ネオン Neon
3	11(22.99) Na ナトリウム Sodium	12(24.31) Mg マグネシウム Magnesium											13(26.98) Al アルミニウム Aluminum	14(28.09) Si ケイ素 Silicon	15(30.97) P リン Phosphorus	16(32.07) S 硫黄 Sulfur	17(35.45) Cl 塩素 Chlorine	18(39.95) Ar アルゴン Argon
4	19(39.10) K カリウム Potassium	20(40.08) Ca カルシウム Calcium	21(44.96) Sc スカンジウム Scandium	22(47.87) Ti チタン Titanium	23(50.94) V バナジウム Vanadium	24(52.00) Cr クロム Chromium	25(54.94) Mn マンガン Manganese	26(55.85) Fe 鉄 Iron	27(58.93) Co コバルト Cobalt	28(58.69) Ni ニッケル Nickel	29(63.55) Cu 銅 Copper	30(65.41) Zn 亜鉛 Zinc	31(69.72) Ga ガリウム Gallium	32(72.64) Ge ゲルマニウム Germanium	33(74.92) As ヒ素 Arsenic	34(78.96) Se セレン Selenium	35(79.90) Br 臭素 Bromine	36(83.80) Kr クリプトン Krypton
5	37(85.47) Rb ルビジウム Rubidium	38(87.62) Sr ストロンチウム Strontium	39(88.91) Y イットリウム Yttrium	40(91.22) Zr ジルコニウム Zirconium	41(92.91) Nb ニオブ Niobium	42(95.94) Mo モリブデン Molybdenum	43(99) Tc テクネチウム Technetium	44(101.1) Ru ルテニウム Ruthenium	45(102.9) Rh ロジウム Rhodium	46(106.4) Pd パラジウム Palladium	47(107.9) Ag 銀 Silver	48(112.4) Cd カドミウム Cadmium	49(114.8) In インジウム Indium	50(118.7) Sn スズ Tin	51(121.8) Sb アンチモン Antimony	52(127.6) Te テルル Tellurium	53(126.9) I ヨウ素 Iodine	54(131.3) Xe キセノン Xenon
6	55(132.9) Cs セシウム Cesium	56(137.3) Ba バリウム Barium	1 ランタノイド 57-71	72(178.5) Hf ハフニウム Hafnium	73(180.9) Ta タンタル Tantalum	74(183.8) W タングステン Tungsten	75(186.2) Re レニウム Rhenium	76(190.2) Os オスミウム Osmium	77(192.2) Ir イリジウム Iridium	78(195.1) Pt 白金(プラチナ) Platinum	79(197.0) Au 金 Gold	80(200.6) Hg 水銀 Mercury	81(204.4) Tl タリウム Thallium	82(207.2) Pb 鉛 Lead	83(209.0) Bi ビスマス Bismuth	84(210) Po ポロニウム Polonium	85(210) At アスタチン Astatine	86(222) Rn ラドン Radon
7	87(223) Fr フランシウム Francium	88(226) Ra ラジウム Radium	2 アクチノイド 89-103	104(261) Rf ラザホージウム Rutherfordium	105(262) Db ドブニウム Dubnium	106(263) Sg シーボーギウム Seaborgium	107(264) Bh ボーリウム Bohrium	108(269) Hs ハッシウム Hassium	109(268) Mt マイトネリウム Meitnerium	110(269) Ds ダームスタチウム Darmstadtium	111(272) Rg レントゲニウム Roentgenium	112(285) Cn コペルニシウム Copernicium						

1 ランタノイド 57-71

57(138.9) La ランタン Lanthanum	58(140.1) Ce セリウム Cerium	59(140.9) Pr プラセオジム Praseodymium	60(144.2) Nd ネオジム Neodymium	61(145) Pm プロメチウム Promethium	62(150.4) Sm サマリウム Samarium	63(152.0) Eu ユウロピウム Europium	64(157.3) Gd ガドリニウム Gadolinium	65(158.9) Tb テルビウム Terbium	66(162.5) Dy ジスプロシウム Dysprosium	67(164.9) Ho ホルミウム Holmium	68(167.3) Er エルビウム Erbium	69(168.9) Tm ツリウム Thulium	70(173.0) Yb イッテルビウム Ytterbium	71(175.0) Lu ルテチウム Lutetium

2 アクチノイド 89-103

89(227) Ac アクチニウム Actinium	90(232.0) Th トリウム Thorium	91(231.0) Pa プロトアクチニウム Protactinium	92(238.0) U ウラン Uranium	93(237) Np ネプツニウム Neptunium	94(239) Pu プルトニウム Plutonium	95(243) Am アメリシウム Americium	96(247) Cm キュリウム Curium	97(247) Bk バークリウム Berkelium	98(252) Cf カリホルニウム Californium	99(252) Es アインスタイニウム Einsteinium	100(257) Fm フェルミウム Fermium	101(258) Md メンデレビウム Mendelevium	102(259) No ノーベリウム Nobelium	103(262) Lr ローレンシウム Lawrencium

元素の存在比

宇宙：H (71)、He (27)、その他 (O,C,Ne,N,Mg,Siなど) (2)

地球：Fe (35)、O (28)、Mg (17)、Si (13)、S (2.7)、Ni (2.7)、Ca (0.6)、Al (0.4)、その他 (0.6)

人体：O (65)、C (18)、H (10)、N (3.0)、Ca (1.5)、P (1.0)、少量元素 (S,K,Na,Cl,Mg) (0.8)、微量および超微量元素 (0.7)

1等星と2等星の違いは?

ポイント 夜空を見上げると、明るい星、暗い星、青白い星、赤い星……と、様々な星が輝いている。あの星! と誰かに伝えたいとき、「あそこ(場所)にある、あの、明るい(明るさ)赤い(色)星!」と、みんながあの星を見分けられるようにするためには、共通の表現方法が必要である。ここでは、星の明るさの指標である等級について紹介しよう。

▶ 明るさの表し方

星空の明るさを、身の回りの明るさと比較してみよう。

照度(明るさ)の目安

光源や状況	照度 (ルクス)
太陽直射	約10万
曇り空	1〜7万
日陰・青空光	1〜2万
野球場	750〜1500
会社・学校	500〜1000
家庭の食卓	200〜500
満月の夜	約0.2
星明り	約0.0003

▶ 星の本当の明るさ(光度)

星の見かけの明るさはベガのようなA0型星(☞4章3節)を基準とした等級で表す。それに対して、星の実際の明るさは、多くの場合、太陽を基準として表す。たとえば、星本来の明るさが、太陽の2倍明るい場合には、2太陽光度という。星の質量も、通常は太陽が基準。太陽の半分の場合、0.5太陽質量と表す。

プラスワン

等級の定義

等級は以下の式で定義される。

$$\frac{L_2}{L_1} = 100^{\frac{1}{5}(m_1 - m_2)}$$

① 1等星は6等星より100倍明るい

星の明るさ分類は、紀元前まで遡る。紀元前2世紀、ギリシャの天文学者ヒッパルコスは、肉眼で見える最も明るい星20個を1等級、次に明るいグループを2等級、肉眼でどうにか見える暗い星を6等級として、約850個の星を明るさで6つに分類した。天文学では、現在でも星の明るさを示すのに、等級という単位を使っている。この等級では、数字が小さくなるほど明るくなる。

図表4-1 星の等級と明るさの比較図。星の等級が1つ上がると(数字が小さくなると)、2.5倍明るくなる。ここでは、明るさを円の面積で表している。

ところで1等星と2等星では、どのくらい明るさは違うのだろうか?

19世紀、イギリスの天文学者ジョン・ハーシェルは、様々な星の観測から、1等級差の明るさの比が一定であり、その比が約2.5倍となることに気づいた。つまり、1等星は2等星より、2等星は3等星より約2.5倍ずつ明るい。すると、1等星の明るさは6等星に比べて、2.5 × 2.5 × 2.5 × 2.5 × 2.5 =約100倍となる。言い換えると、6等星を100個集めると1等星の明るさになるのだ。

その後、イギリスの天文学者ノーマン・ポグソンは1等級と6等級の明るさの差を正確に100倍として、星の明るさの比と等級差の関係を数式で定義した(☞プラスワン:等級の定義)。

この式に基づき、0等星の等級(m_2)と明るさ(L_2)、およびある星の明るさ(L_1)から、ある星の等級(m_1)を求める。0等星としては、ベガ(正確には0.03等)を明るさの基準として星の等級を決定することが多く、それぞれの星の等級はベガとの明るさの比から定義されている。たとえば、ベガ

の 100 分の 1 の明るさをもつ星は L_2 と L_1 の比が 100 となり、$\frac{1}{5}$$(m_1 - m_2)$＝ 1、つまり、$m_1 - m_2 = 5$ となるため 5 等であることがわかる。

② 太陽は何等星?

ベガが 0 等星ということは、ベガより明るい星はないのだろうか？ 答えは、ノーである。最初には 1 等星と定義されていた星の中にも、詳しく調べるとベガより明るい星があることがわかってきた。このような星は、2.5 倍明るくなるに従って、－ 1 等、－ 2 等……となる。逆に望遠鏡を使うと、肉眼で見える限界の 6 等星よりも暗い星々も見えてくる。これらも同様に、2.5 倍暗くなるにつれて 7 等星、8 等星……と定義される。

では、全天で一番明るい星は？ この問いに、「おおいぬ座のシリウス」や「宵の明星の金星」と答える方はなかなか！ 答えはというと、「太陽」である。太陽の明るさは、－ 26.7 等級である。さらに、満月の明るさは、明るいときで－12.7 等級である。ちなみに、すばる望遠鏡で識別できる最も暗い天体はおよそ 28 等級であるから、太陽と比べると 55 等級もの差がある。

ただし、実際に太陽が宇宙で一番明るく輝いているわけではない。同じ明るさのモノでも近いと明るく、遠いと暗く見える。つまり、ここで表している星の等級は、星本来の明るさを表す等級ではなく、我々が目にする "見かけの等級" であることに注意してほしい。太陽も遠ざけていくと、どんどん暗くなり、周りの星と同じような距離におくと、見分けがつかないほどの暗さになるのだ。

図表 4-2 いろいろな天体や様々な道具を使って見える天体の見かけの明るさ（等級）

プラスワン

マグニチュード
等級は英語でマグニチュードと呼ぶ。特に日本では、地震のマグニチュードが有名だ。ただし、天体の等級では、1 等の差は 2.5 倍の明るさの差に相当するが、地震の場合には、1 等の差は 32 倍ものエネルギーの差に相当し、マグニチュードが大きいほど、地震の規模は大きい。

▶ **日本の望遠鏡**
日本は、望遠鏡製作会社が多く、口径 1m 以上の望遠鏡が大学や公共天文台に数多く設置されている。この特性を活かし、国内 9 大学と国立天文台が有機的に連携し、突発天体等の即時・連続観測や共同研究プロジェクトが実施されている。国内最大の主鏡をもつ望遠鏡は、兵庫県立大学西はりま天文台の「なゆた 2m 望遠鏡」（写真上）。市民が直接のぞける望遠鏡としては世界最大。一方、日本の研究機関がもつ最大口径の望遠鏡は、ハワイ島マウナケア山にある国立天文台の「すばる 8.2m 望遠鏡」（写真下）。現在でもその性能は世界一線級を誇る。

撮影：大朝由美子

撮影：大朝由美子

▶ **明るさの絶対値（絶対等級）** ☞用語集

2節 星の鮮やかさの ひみつ

ポイント 夜空に輝く星には、赤や橙色のもあれば、青白く輝くものもある。こうした多彩な星の色は、何によって違っているのだろうか？ ここでは、色の種類、星の色の指標となるもの、そして星の色が示す意味を紹介しよう。

▶ **虹**

赤、橙、黄、緑、青、藍、紫。虹の7色である。赤色や青色というのは光の波長によって決まる。赤、橙、から藍、紫にいくにつれて波長は短くなる。虹の色の並び方がいつも同じであるのは、色と波長の関係のためだ。ちなみに、虹は7色とは限らない。東南アジアやイスラム圏には4色と見る地域がある。

© 大朝由美子

プラスワン

人間の目は、太陽が最も明るく輝く可視光に感度があるが、昆虫の目は波長が短い紫外線にも感度をもつ。紫外線で花を見ると、花びらは明るく蜜がある部分が暗く見える（ネクターガイド）。↗

① 色とは？

　我々の周りには様々な色があふれている。この、色という言葉には、2つの意味がある。1つは、目にうつる、物体の感じ方である。物体に当たった光のうち、吸収されずに反射したものを人の目が受けると、波長の違いで赤・黄・青・緑・紫などに見える。この色は物体の色を示すため、**物体色**と呼ばれる。自分で光を発しない物体の場合、たとえばリンゴなどは、青緑色を吸収し、赤い色を多く反射しているので赤く見える。このような、光のどの部分をどれだけ吸収し、どれだけ反射するかは物体によって違うため、それぞれ固有の色をもつことになる。しかし、夜の暗闇の下ではリンゴは赤く見えない。これに対して、自分自身が光っている物体の光の色が、**光源色**である。光源色は暗闇でも光り、その光がどう見えるかによって色が定義される。

　星の色にもこの2種類がある。すなわち、（可視光では）自分で光らない天体である、月や火星、木星などは前者のリンゴと同じである。惑星は、恒星と違って自らエネルギーを生み出して光るわけではなく、太陽の光を受けて反射して輝く（＠可視光）。その際に、天体によって特定の色の光を吸収しているのである。一方、太陽のように自分で光る恒星の場合には、後者の光の色にあたる。つまり、火星が赤いのとベテルギウスが赤いのでは、違う理由があるのだ。ここでは、特に後者の自ら光る星の「光の

図表 4-3 すばる望遠鏡で観測した星が誕生する場所 S106 領域 © 国立天文台
中心部の白く輝く星は、生まれたばかりの重い星。太陽の約20倍もの星が誕生して、上下にガスを噴き出している。この天体は何色と言うべきだろうか？

 ©SPL/PPS 通信社

色」について詳しく見ていこう。

② 色は何を表す？

　鉄板を加熱すると何色で輝くだろうか？鉄板をあたためると、最初はくすんだ赤色で輝き始める。さらにどんどんと加熱していくと、鉄板はより明るく輝くとともに、色がオレンジから黄色へと変わっていく。温度が上昇すると、それに伴って色が変わる……つまり、光の色の場合には、色と温度に関係があるのだ。

　その目を星空に向けてみると、赤い恒星と青白い恒星では温度が違うと推測できる。星の色の違いは、それぞれの星が放射する光の波長別の分布（スペクトルの形☞4章3節）によって決まる。波長が短い青い光に比べて波長が長い赤い光の成分が強い場合、つまり温度の低い星は赤色に見えるが、逆の場合には温度が高く、青白く見える。

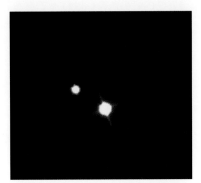

図表4-4　埼玉大学 SaCRA 望遠鏡で観測したはくちょう座のアルビレオ（はくちょう座β星）。色の対比が美しい二重星で明るい方のA星（3等星）はトパーズにたとえられる橙色、暗い方のB星（5等星）はサファイアにたとえられる青色をしており、「天上の宝石」ともいわれる。

　では、星の温度そのものはどのような仕組みで決まっているのだろうか？主系列星の場合、質量が大きな若い星は、中心部の核融合反応が非常にさかんで、発生するエネルギーも膨大であるため、表面の温度が高くなり、青白く見える星となる。逆に、質量が小さな星では表面温度が低い赤っぽい星となる。また星の進化（☞5章）が進んで、半径が何百倍にも膨れあがった赤色巨星になると、表面温度が下がるので赤く見えるのだ。

　では、実際の星の温度はというと、白く輝く星ベガの表面温度は約9500K、赤っぽい星アンタレスは約3500Kとなる。このように星の色を測る観測は、星の温度を決めるために非常に大切である。

　このような星の色の指標はどのように表すのがよいだろうか？19世紀に入って幾人かの天文学者が色によって星を分類しようと試みた。しかし、感ずる目の感覚にも依存するので、学者によって尺度がまちまちであった。ところで、実際に、星の明るさを測る測光観測を行う場合には、ある特定の波長の光、つまり、ある色だけを透過するフィルターを用いる。そこで、2つの異なる色フィルターを通して星の明るさ（等級）を測光し、その等級差から星の色を決定する**色指数**という方法が天文学では使われている（☞5章 p.71）。

　さらに星の色をきちんと記述するためには、光を波長ごとに細かく分けたスペクトルの情報が必要である。次節で詳しく見ていこう。ちなみに、惑星の色のメカニズムは、恒星のそれとは異なるため、青く見える海王星が、赤く見える火星より温度が高いわけではない。

これは昆虫に花蜜のありかを知らせて呼び寄せ、花粉を運んでもらう仕組みだ。

● 白色光と単色光
　☞用語集

	赤外線	赤	橙	黄	緑	青	紫	紫外線
波長	7.7	64	59	55	49	43	38	×10⁻⁷m

● 基準の織り姫「ベガ」
フィルターを通した測光観測から色指数を求める際には、色の基準が必要である。そこで、最初にフィルター観測の方式を定めたときに、どんな波長のフィルターで測っても常に0等星、つまり色指数が0となる基準星としてベガを選んだ。織り姫星 ベガは、かつては基準星として観測天文学の世界を支えてきたのだ。

しかし1983年、世界初の赤外線天文衛星 IRAS がベガの正体を暴いた。実は、どの波長で測っても0等と考えられていたベガが、遠赤外波長で想定外の明るさをもっていたのだ！これは、ベガの周りにある塵が赤外線で光っているためだ。まるで、冷たいベールにつつまれた姫とでもいえよう。このような赤外線で本来よりも明るく輝く星を「ベガ型星」と呼び、現在では多数見つかっている。

スピッツァー宇宙望遠鏡で観測したベガの周りの塵 ©APJ

4章
3節 星の色を
細かく見ると……

ポイント 星の光をプリズムに通してみると、虹のようなモノが見える。しかし、星によってこの虹の色合いは様々である。ここでは、いろんな星の虹（スペクトル）が表す意味とスペクトルに基づいた星の分類について見ていこう。

> **星と地球は同じ世界にある！**
>
> 古代のギリシャ時代には、「天上界の星は地上とは異なる元素からできている」と考えられていた。しかし、1863年、ハギンスが星のスペクトルを解析し、星を構成する物質を調べたところ、星にも地球上と同じ元素が存在することがわかった。これは、古代からの概念をくつがえす画期的な発見であった。

> **超人、天文学者!?**
>
> 昔の天文学者は、望遠鏡を目で覗き、等級や明るさを肉眼（眼視）で定めていた。驚くことに、およそ8等までの星については0.1等ほどの精度であったとか。20世紀前半までに100万個を超す星の位置と明るさが、天文学者の目でカタログ化されたのである。まさに、超人天文学者といえよう。

① 太陽のスペクトル

光を波長ごとの強さ（明るさ）で表したものを**スペクトル**という。一番身近な星といえば太陽。ということで、スペクトル研究はまず太陽から始まった。

スペクトル研究のさきがけは、万有引力でおなじみのアイザック・ニュートンである。ニュートンは1666年、多くの色の光が混ざって白色の太陽光になっていることを証明した。およそ150年後、ヨゼフ・フォン・フラウンホーファーは、太陽光を分光したスペクトルの中に574本のバーコードのような暗線を見つけた。そのなかでも特に強く見える暗線を、A線〜K線とアルファベットで表した。これらの暗線は太陽大気中の固有の元素の吸収によってできるという原理をキルヒホッフが発見し、分光解析の方法を確立した。たとえばD線はナトリウムによる吸収、H、K線はカルシウムの吸収に相当する。アルファベットの名称は元素記号と混乱しそうだが、H線が水素、K線がカリウムというわけではない。この太陽スペクトルの吸収線を**フラウンホーファー線**ともいう。

波長 (nm)

390〜430
430〜470
470〜510
510〜550
550〜590
590〜630
630〜670

図表4-5 太陽のスペクトル。左上から右下まで波長が短い方から長い方へと並べてある。縦に黒く刻まれたバーコード模様が暗線である。太陽のフラウンホーファー線から元素の種類と存在量が求められている。
© 兵庫県立大学西はりま天文台

2 星のスペクトル

星の多彩な色は、その星がどの波長でより明るく輝くか、つまり、波長別の光の強さ分布であるスペクトルの違いに由来する。では、スペクトル中に現れる暗線は、すべての星で同じ位置や強さを示すだろうか？

フラウンホーファーは、シリウスなどの明るい星のスペクトルには、太陽スペクトルと全く異なる位置に暗線があることを見つけた。スペクトルの色分布だけでなく暗線も星によって千差万別といえそうだ。そもそも、この色分布と暗線は、何を表しているのだろうか？

スペクトルの色分布と暗線のことをそれぞれ**連続スペクトル**、**吸収スペクトル（吸収線）** と呼ぶ。この、星の連続スペクトルの形、線スペクトルの位置と強度などを手がかりに、星の温度を求めることができる。

連続スペクトルは、直接色につながる。表面が約5800Kの太陽では、ちょうど可視光の波長域（緑）で一番強く光を放つ。一方、低温の星から出る光は赤外線（赤）が一番明るく、高温の星は放射のピークが紫外波長域となる。ところが紫外線は地球大気に吸収されやすく、目に見えないので、可視光の中で短い波長である紫色や青色を中心とした光が我々に届くことになる。そのため、シリウスやベガは青白く見える（☞カバー折返し部分）。

図表 4-6 様々な星のスペクトル。上から順にO,B,A,F,G,K,Mと並び、上の星ほど高温で、下にいくほど低温の星である。低温のM型星には吸収の暗線が多いことも特徴的だ。左の縦軸はスペクトル型名、右の縦軸は星の名前、上の数値は波長を表す。スペクトル型につく数字が小さいほど高温になる。©KPNO/AURA/NOAO

線スペクトルは、いわば温度計のような役割だ。線スペクトルの位置は、その星に存在する元素と関係する。どの元素からの線スペクトルがどれくらい強く見えているかを調べると、その星の温度を決めることができるのだ。ちなみに線スペクトルの詳細な調査から、星の化学組成や表面温度の他にも、大きさ、大気の動き、自転速度などの星の物理的性質を知ることができる。スペクトルは天体の素性を知るうえで重要な情報源となるのだ。

このようにスペクトルの見え方によって星を分類することを星の**スペクトル型分類**という。現在最も使われている分類は、表面温度で連続的に変化するハーバード式分類である。20世紀末に発見された褐色矮星（☞4章4節）も含め、高温度から低温度星にかけて、**OBAFGKMLTY型**と呼ばれている。

◉ 光の波長 ☞用語集

◉ 星のスペクトル型
（☞カバー折返し部分）

プラスワン

スペクトル型の覚え方
元素周期表（☞4章 pp.50-51）の「スイヘイリーベ……」のようなゴロあわせと同じく、スペクトル型分類にも覚え方がある。恒星だけの分類では、
Oh, Be A Fine Girl/Guy Kiss Me
褐色矮星も含めると、
Oh, Be A Fine Girl Kiss My Lips, Tonight, Yah !
となる。

◉ ベガのスペクトル
水素原子のつくる吸収線がよくわかる。長波長から順に、Hα線（656.3nm）、Hβ線（486.1nm）、Hγ線（434.0nm）、Hδ線（410.2nm）、Hε線（397.0nm）などとなる。

出典：岡山天体物理観測所＆粟野諭美他『宇宙スペクトル博物館』裳華房

4章

4節 色々な星を分類すると……

ポイント 星を調べようといっても、星はそれこそ「星の数ほど」ある。まず星をうまく分類し、系統立てて調べることが、星の研究の最初の第一歩となる。それでは、星をどのように分類するのがよいのだろうか？ ここでは、あまたの星を分類する方法について紹介しよう。

▶星団のHR図

大多数の星は集団で誕生すると考えられている。プレアデス星団（すばる）やヒアデス星団のような散開星団は、同時に誕生して一人前になって間もない星の集団である。この星団内の恒星はほぼ同じ年齢をもっているとみなせるため、質量の大きい、つまり明るい星ほど進化が早く、主系列を早く離れる。このことに着目すると、星団内の星々のHR図からその星団の年齢を推測することができる。たとえば、明るい主系列星が多く残っている星団ほど年齢が若いのだ。

©NASA

©Jose Mtanous

おうし座のプレアデス星団（上）とヒアデス星団（下）

---

① 星を観測量から分類する

宇宙に輝く多様な星は、我々からはるか遠くにあり、手に取ってみることも、はかりにのせることもできない。我々が星の観測から知ることができる情報は、光（電磁波）だけである。では、星の光から何がわかるだろうか？

観測から測定することができる情報は、星がどれだけ明るく見えるか（見かけの等級）と、星がどのような色やスペクトルをもつか（温度）である。さらに、星までの距離を年周視差（☞8章1節）などの方法で求めることができれば、星が実際に輝く明るさ（絶対等級：光度）を知ることができる。そこで、星の明るさ、つまり光度（絶対等級）を縦軸に、色、つまり表面温度（スペクトル型）を横軸にとってグラフを作成してみよう。

② 星のHR（ヘルツシュプルング・ラッセル）図

星の観測から直接わかる光度と温度を軸とした図を、最初に提唱したヘルツシュプルングとラッセルの頭文字をとって、**HR図**と呼ぶ。たくさんの星からHR図を作成すると、図表4-7のようになる。HR図（図表4-7）では、大きく3グループに星を分類することができる。すなわち、左上から右下に斜めに伸びた帯状領域に分布する大半の星、帯状領域より光度が大きい右上の部分と、小さい左下の部分に位置する少数の星である。図表4-7のように明るさと温度に相関関係をもつ分布を示すのは、帯状部分にある星たちが同じメカニズムで輝いていることに由来する。

大多数の星が含まれる、斜めの帯状領域の星を**主系列星**と呼ぶ。主系列星には高温で明るい星（図表4-7で左上）から低温で暗い星（図表4-7で右下）が含まれる。主系列星の右上のグループは、明るいが温度は低い天体で、**赤色巨星**（超巨星、巨星）、左下のグループは、温度は高いが暗い天体で、**白色矮星**と呼ぶ。主系列星のなかでは、温度が低いほど質量が小さく、その数が多い。

なお、図表4-7の縦軸、横軸が共に対数目盛であることに注意すると、主系列星の光度Lは表面温度Tのおよそ8乗に比例することがわかる（L＝定

数 × T^8（☞ p.62）。最近の観測から、HR 図上で最も質量の小さい主系列星のさらに右下に、新たな種類の天体が存在することがわかってきた。**褐色矮星**と呼ばれる天体で、主系列星とは異なる内部構造をもつ。褐色矮星は質量が非常に小さく、その明るさは白色矮星と同程度である一方で、

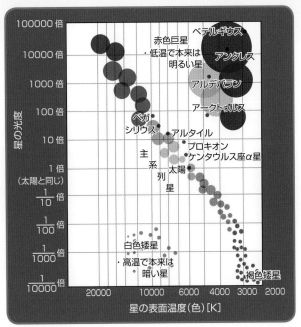

図表 4-7 様々な星の HR 図

多くの恒星と比べて非常に低温である。褐色矮星やそれよりさらに質量の小さい惑星質量天体は、超低質量天体と呼ばれる。なお、ヘルツシュプルングとラッセルが考案した HR 図は横軸にスペクトル型、縦軸に絶対等級が用いられていた。現在では物理的な観点から、横軸を温度、縦軸を光度として作成されることが多い。

③ HR 図から読み解く星の姿

　HR 図は、星を研究する天文学者にとって、基本中の基本、最も大切なモノの 1 つである。HR 図に星の明るさ、温度の情報をのせると、その星の大きさ、進化段階を探ることができるのだ。

　たとえば、同じ表面温度をもつ赤色巨星と主系列星に着目してみよう。光度に約 10 等の差がある赤色巨星と主系列星の場合、赤色巨星は同じ温度の主系列星より 1 万倍明るい。ステファン・ボルツマンの法則（☞ 用語集）を用いると、星の光度 L は表面温度 T の 4 乗と表面積（$4 \pi R^2$）の積（$L=4\pi R^2 \sigma T^4$；σ は定数）で表される。これを用いると、赤色巨星の表面積は主系列星の 1 万倍となり、その半径は主系列星の 100 倍の大きさになる。つまり、赤色巨星は低温のために赤く輝くが、半径と光度は大きい星とわかる。赤色巨星の 1 つ、オリオン座のベテルギウスは太陽半径の約 800 ～ 1000 倍、およそ太陽 - 木星の距離に匹敵する大きさをもつ。一方、シリウスは、主星 A と、A より約 2.5 倍高温の伴星 B からなる連星である。仮に両方とも主系列星とすれば、図表 4-7 の HR 図から B が約 1000 倍明るいと読み取れるが、実際には、B は A に比べて約 500 倍暗い。これは、B が主系列星ではなく、半径が A よりはるかに小さい白色矮星であることを示唆する。つまり、恒星を温度（スペクトル）と光度の 2 次元で分類すると、星の性質、すなわち、内部構造や進化段階、ひいては距離も推定することが可能となる。

▶ **褐色矮星** ☞用語集

▶ **惑星質量天体**
　（浮遊惑星）☞用語集

▶ **ステファン・ボルツマンの法則** ☞用語集

プラスワン

シリウス

シリウスは、A 型のスペクトル型をもつ主系列星である主星 A と白色矮星である伴星 B の 2 つの星からなる。全天で最も明るい恒星であるが、連星系とわかったのは 19 世紀になってからである。観測から求められた B の質量は太陽よりわずかに小さいが、半径は地球程度と、超高密度星である。また、A より高温である B は、高エネルギーの X 線でより明るく輝く。ちなみに、本章の主題のひとつ、HR 図をつくったヘルツシュプルングは、かつてシリウスがおおいぬ座運動星団に属すると提唱していた（現在では否定されている）。

上：HST の可視画像。下：チャンドラ望遠鏡の X 線画像。両方ともに左下がシリウス B。上：©NASA, H.E. Bond and E. Nelan (Space Telescope Science Institute, Baltimore, Md.)；M. Barstow and M. Burleigh (University of Leicester, U.K.)；and J.B. Holberg (University of Arizona)／下：©NASA／SAO／CXC

4 章

十人十色の星たち

▶ 生まれたての星も変光

死ぬ間際の星は明るさが大きく変わるが、生まれたての赤ちゃん星も、時々小さな変光を起こす。このような生まれたての星を前主系列星と呼び、周りに惑星の材料となるガス円盤などを伴う（☞5章2節）。

すばる望遠鏡で観測したおうし座にあるL1551-IRS5。双子の赤ちゃん星から2本の原始星ジェットが見えている。© 国立天文台

● HLTau

すばる望遠鏡（近赤外線）、ALMA望遠鏡（電波）で観測したおうし座にあるHLTau（上と下）。近赤外では、原始星周囲の星雲が鮮やかに見えているが、電波では、近赤外の一部を観測し、その中に埋もれた原始惑星系円盤の姿がとらえられている。我々の太陽系（下右）と比べると、この円盤は海王星よりもさらに外側まで広がっている。もしかしたら、この円盤から惑星が生まれつつあるかもしれない。

© 国立天文台

©ALMA（ESO/NAO J/NRAO）

コラム

▶▶▶ 明るさの変わる星

　星は、同じ明るさと色のまま一生輝き続けるのだろうか？

　本章では、HR図を元に進化の段階を知ることができる、ということがわかった。つまり、明るさと色は一生のうちで変わることが予測される。星の一生で考えると、明るさの変化の度合いが大きい。

　なかでも、我々が観測できるような、たとえば数十年（厳密な定義はない）以内の間に、明るさが変わる星を「変光星」と呼ぶ。これまで全天で3万個以上の変光星が発見されている。変光星が明るさを変える原因は、その星の存在形態と、進化段階の2つに大きく分類できる。

　最初に発見された変光星は、くじら座 o 星。ミラ（ラテン語で「びっくり」という意味）と名づけられた。ミラは約330日の周期で約3から9等の間に変光する。変光の原因は後者の方で、恒星進化の最終段階、いわば寿命を全うする直前に星自身の大きさが変化する、つまり、星が膨張や収縮を起こして明るさが変わるのだ。このような星を脈動変光星と呼ぶ。脈動変光星にも色々とあり、ミラのように長い周期のものをミラ型変光星という。ちなみに、ミラが発見されたのは、望遠鏡が初めて宇宙に向けられるよりも前の1596年というから、びっくりである。

　変光の原因の前者は、2つ以上の星がお互いの周りを回っている連星が、お互いに相手を隠し合うことによって見かけの明るさが変化するものだ。このような変光星を食変光星と呼ぶ。1667年に変光現象が見つけられたペルセウス座のβ星アルゴル（アラビア語で「悪魔」の意味）は、3つの星からなる連星で、そのうち2つの明るい星（B型）と暗い星（K型）で食変光現象を起こす。2.867日という比較的短い周期の間に、約2.1から3.4等まで変化する。様々な食連星が見つかっているが、最近注目の的となっているのは周囲に惑星をもつ恒星だ。惑星系は、連星系の星の質量の違いが極端に大きい場合であり、太陽系外惑星の探索にもこの変光原理が利用されている。しかし、惑星による恒星の変光はごくわずかのため、精密な明るさの測定が必要となる。

　変光星には他に、星全体や星の表面で爆発が起こるもの、星の周りに付随する様々な現象によって明るさが変わるもの、など多様な種類がある。なかでも、星が寿命を全うするときに起こる星全体の爆発は、超新星と呼ばれ、天文愛好家によって多数の発見がなされている。

Question 1

シリウスは、シリウスAとシリウスBからなる連星であり、A、Bそれぞれ、約−1.5等、約8.5等の見かけの明るさで輝く。では、シリウスAはBに比べて何倍明るいか？

1. 0.01 倍
2. 0.0001 倍
3. 100 倍
4. 10000 倍

Question 2

変光星が明るさを変える理由として正しくないのはどれか。

1. 星の表面に物質が落ち込んで爆発現象が起こる
2. 星が収縮したり膨張したりを繰り返す
3. 星が接近したり遠ざかったりする
4. 互いに回る2つの星が隠し合いをする

Question 3

かみのけ座24番星は、橙色に輝くA星と青みがかったB星からなる見かけの二重星である。次の説明から正しい文章を選べ。

1. A星は地球に近づいているため橙色に見え、B星は遠ざかっているために青色に見える。
2. A星は本来の明るさがB星よりも明るいために橙色に見え、B星は青色に見える。
3. A星は温度が低いために橙色に、B星は温度が高いために青色に見える。
4. A星は温度が高いために橙色に、B星は温度が低いために青色に見える。

Question 4

HR図の縦軸、横軸の組み合わせについて、正しいモノを選べ。

1. 縦軸：見かけの等級、横軸：スペクトル型
2. 縦軸：絶対等級、横軸：スペクトル型
3. 縦軸：見かけの等級、横軸：距離
4. 縦軸：絶対等級、横軸：距離

Question 5

太陽が将来、赤色巨星となった場合の表面温度と光度の組み合わせとして最も適当なものを選べ。ただし、太陽の現在の光度を1とする。

1. 表面温度：3500K 光度：1/1000
2. 表面温度：3500K 光度：1000
3. 表面温度：3万5000K 光度：1/1000
4. 表面温度：3万5000K 光度：1000

Question 6

恒星を温度の高い順から並べたスペクトル型の一部を抜粋したものを次に示す。
正しいのはどれか。

1. II、III、IV
2. IV、III、II
3. F、G、K
4. K、G、F

Question 7

太陽光のスペクトルの中に見られるフラウンホーファー線とその原因となる元素の関係が、間違っているものはどれか。

1. D線−ナトリウム
2. H線−カルシウム
3. H線−水素
4. K線−カルシウム

Question 8

天文学の世界で「マグニチュード」といったら、何のことか。

1. 天体内部のエネルギーの大きさを示す単位
2. 天体の質量を示す単位
3. 天体の明るさを示す単位
4. 天体表面の震動の波長を示す単位

Question 9

褐色矮星とはどのような天体か。

1. 非常に高温
2. 地球並みに小さい
3. HR図上に表すと右下に分布
4. 自ら輝かない

Question 10

星の光度について正しいのはどれか。

1. 恒星の半径の2乗と表面温度の4乗の積に比例する
2. 恒星の半径の2乗に比例し、表面温度の4乗に反比例する
3. 恒星の半径の2乗に反比例し、表面温度の4乗に比例する
4. 恒星の半径の2乗と表面温度の4乗の積に反比例する

Answer 1

④ 10000 倍

AとBの等級差は 10 等である。5 等級明るさが変わると 100 倍明るさが変わるので、100×100 ＝ 10000 倍である。等級の数字が小さくなるほど明るくなることに注意する。

Answer 2

③ 星が接近したり遠ざかったりする

変光星には、近くから物質が落ち込んで爆発現象を起こすもの。星全体が収縮したり膨張したりする脈動変光星、2 つの星が互いに回り合い、隠し合う食変光星がある。また、これらの組み合わせの変光星も存在する。食変光星はある意味、星が遠ざかったり近づいたりしてはいるが、そのこと自体で明るさの変化が見られるわけではない。接近によって明るさが変化する星に火星や金星があるが、これらは変光星とはいわない。

Answer 3

③ A 星は温度が低いために橙色に、B 星は温度が高いために青色に見える。

星の色の違いは、それぞれの星の出すスペクトルによって決まる。温度の低い星は赤色に見えるが、逆に温度が高い星は、青白く見える。

Answer 4

② 縦軸：絶対等級、横軸：スペクトル型

HR 図は、星の明るさ、つまり光度（絶対等級）を縦軸に、色、つまり表面温度（スペクトル型）を横軸にとってグラフにしたものである。見かけの等級ではないことに注意する。

Answer 5

② 表面温度：3500 K　　光度：1000

太陽は主系列星の段階にあり、表面温度は約 6000 K である。赤色巨星になると大きく膨張し、表面は約 3500 K 程度となり、現在の光度の約 1000 倍となる。

Answer 6

③ F，G，K

4 章 3 節にあるように、恒星の温度が高い順から低い順にスペクトル型を並べると、OBAFGKM（LTY）となる。ちなみに、ローマ数字の、Ⅱ、Ⅲ、Ⅳは恒星の光度階級を表す。

Answer 7

③ H 線－水素

ドイツの物理学者フラウンホーファーが太陽光中の吸収線を発見し、特に強い吸収線に A 線～K 線と名付けた。その後、吸収線の原因が太陽大気中あるいは地球大気中に存在する元素にあることが発見されたため、吸収線の名称と元素記号が紛らわしくなってしまった。

Answer 8

③ 天体の明るさを示す単位

マグニチュードは、日本語では等級を意味する。地震のエネルギー規模を示すマグニチュードとまったく同じ言葉だが、使われる場面によってこのように意味が変わってくる。また地震の場合は数字が大きいほど規模が大きくなるが、天体の場合は数字が大きいほど、明るさが暗くなることにも注意。似ている点については p.53 欄外のプラスワンも参照のこと。

Answer 9

③ HR 図上に表すと右下に分布

褐色矮星は、恒星に比べて非常に低温で、白色矮星よりも暗い。低温であるため、褐色のように見えるというイメージから褐色という名前が付いているが、実際に褐色に見えるわけではない。恒星のように水素の核融合反応によるエネルギーで輝いていないが、重力収縮などにより、ほのかに光を放射している。質量も大きさも木星より大きいため、地球並みとはいえない。

Answer 10

① 恒星の半径の 2 乗と表面温度の 4 乗の積に比例する

星の光度 L は、ステファン・ボルツマンの法則で表される黒体放射の全エネルギー量と、表面積に比例する。ステファン・ボルツマンの法則は、黒体放射する物体が単位時間・単位面積に放射するエネルギーの量が、温度の 4 乗に比例するという法則である。したがって、半径が r で表面温度が T の星の場合、星の光度 L は $L = 4\pi r^2 \sigma T^4$ で表される。つまり、星の光度 L は、その半径の 2 乗と表面温度の 4 乗とに比例する。

★ おまけコラム ★

主系列星の関係

主系列星の光度 L、半径 R、表面温度 T、そして質量 M の間には以下の関係が、経験的に成り立つ。HR 図から、$L = $定数$\times T^8$（①）
ステファン・ボルツマンの法則から、$L = $定数$\times R^2 T^4$
これらから、$R = $定数$\times T^2$
質量光度関係（☞ p.66）から、$L = $定数$\times M^4$（②）とすると、さらに、$M = $定数$\times T^2$となり、$R = $定数$\times M$となる。

ただし、実際の①②の累乗の値は、観測値から求められ、例えば②は、温度によって異なるとされるが、平均的には、3-4 乗で表される。

● 2010 ～ 2020 年の
かに星雲の変化
© 鳥取市さじアストロパーク

5 章

星々の一生

© 国立天文台

かに星雲（M 1）は、おうし座にある超新星残骸で、メシエカタログの第1番目に数えられる天体である。おうし座の南側の角の先端部に位置し、太陽からの距離はおよそ 6500 光年である。「かに」の名は、その星雲の形から付けられたという。かに星雲をつくった超新星は、1054 年（日本では平安時代）に出現したという記録が、日本や中国の書物に残されている（☞ 8章2節）。1000 年ほど前のアメリカインディアンの洞窟遺跡の壁にもこの超新星の記録と考えられる壁画が残されている。この超新星が出現してから 1000 年近く経った今でも、爆発によって放出されたガスは約 1000 km/s の速度で広がり続けている。かに星雲の中心には、1秒間に 30 回の規則正しいパルス状の電波を発する「パルサー」が存在している（かにパルサーと呼ばれる）。パルサーの正体は、半径 10 km くらいの中性子星で、高速自転しており、自転軸に対して磁極が傾いているために、周期的なパルスが観測されると考えられている（☞ 5章4節）。このパルスの周期は非常に正確なため、発見当初は宇宙人からの通信ではないかと考えられたほどである。

かに星雲内から放射されたパルス信号

星の一生と物質の輪廻

　恒星は生まれたときの質量（初期質量）によってその後の一生が決定される。初期質量が太陽質量の0.08倍に満たない星は、内部の温度が低く核融合を起こすことができないため、重力エネルギーを放射源とした褐色矮星としてその一生を終える。それ以上の初期質量をもつ星は、中心部で水素からヘリウムを合成する核融合反応が生じ、それをエネルギー源として自ら光り輝く恒星となる。この段階の天体を主系列星という（☞ p.59、HR図）。主系列星は初期質量によって異なる最期を迎える。

１）太陽質量の0.08〜0.46倍：
核融合によってヘリウムの核が形成された後、周りの水素ガスは星間空間に拡散され、中心にヘリウムを主成分とした白色矮星が残る。

２）太陽質量の0.46〜8倍：
炭素と酸素からなる中心核が形成される。外周の水素ガスは大きく膨らみ、赤色巨星と呼ばれる天体になった後、やがて星間空間に拡散される。それらは中心核から放射される紫外線によって電離され、惑星状星雲となって光り輝く。中心部に残された中心核は白色矮星となる。

３）太陽質量の8倍以上：
中心では核融合の最終段階である鉄が合成される。最も安定な元素である鉄はそれ以上核融合反応を起こせないため、中心部でのエネルギー発生は止まり、中心核は次第に収縮していく。その過程で温度が上昇し、結局鉄の核は分解されてしまう。中心の支えを失った恒星は重力崩壊を起こし、それをきっかけに超新星となって、自らを広い星周空間にまき散らす。中心部には、中性子星やブラックホールが残る。なお、爆風の中で合成される元素もある。

星の一生　質量範囲［太陽質量］

注：40倍というのは未確定。30〜40倍程度と考えられているが、現在論争中である。

ビッグバンによって生まれた初期の宇宙には、水素とヘリウム、そしてわずかなリチウムという元素しかなかった。その後に形成された恒星が元素を合成し、それらを宇宙空間へと還元するというサイクルを繰り返しているうちに、星間ガスの中の重元素（ヘリウムより重い元素）は徐々に増えていった。重元素は、地球（岩石）や生物の材料（タンパク質）でもあると同時に、近年話題のレアアースに代表されるように、私たちの生活を豊かにする源でもある。恒星なくしては人類とその文化は存在しえなかったのである。

星の一生　物質の輪廻

暗黒星雲

重元素の増加

白色矮星

重元素の増加

原始星

褐色矮星

超新星残骸

惑星状星雲

若い星とHⅡ領域

超新星爆発

中性子星

主系列星

ブラックホール

原始星、主系列星、赤色巨星

ポイント 星は永久に輝いているのではない。ガスが集まり、自らのエネルギーで輝くようになったときを星の誕生といい、自らのエネルギーで輝くことができなくなったときを星の死という。また、星の進化とは、星が生まれ、死に至るまでの状態の変化のことである。ここでは、原始星、主系列星、赤色巨星の特徴を見てみよう。

プラスワン

星の質量

連星の連星間距離を a［天文単位］、公転周期を P［年］、太陽の質量を 1 としたときの恒星の質量を m_1、m_2 とすると、

$$\frac{a^3}{P^2} = m_1 + m_2$$

となる。これを一般化されたケプラーの第3法則という。また、重心からそれぞれの恒星までの距離を a_1、a_2 とすれば、$a_1 + a_2 = a$、$a_1 : a_2 = m_2 : m_1$ が成り立つ。これらから、連星の質量を求めることができる。

▶ **星団と星落（アソシエーション）** ☞用語集

▶ **分子雲** ☞用語集

プラスワン

$x^{0.5}$ の意味は？

$x \times x = x^2$ と表すが、$x^{0.5}$ は何を表すのだろうか。$x^{0.5} \times x^{0.5} = x$ となるので、$x^{0.5} = \sqrt{x}$ を意味する。したがって $x^{3.5} = x^3 \times x^{0.5}$ $= x^3 \times \sqrt{x}$ である。

1 星の寿命

主系列星は、中心部で水素からヘリウムを合成する核融合反応で輝いている。質量が大きいと中心の温度と密度が高くなり核融合反応が活発となって高温で明るく輝くが、質量が小さいと核融合反応がそれほど活発とならないため低温で暗くなる。そのため主系列星は、HR 図上では左上から右下に帯状に並ぶ。これは、主系列星の光度 L が質量 M のおよそ 3.5 ～ 4 乗に比例するという**質量光度関係**が成り立っているからである。この関係を、太陽の光度と質量を 1 とする単位で表せば、$L = M^{3.5 \sim 4}$ となる。ここで主系列星の寿命を考える。主系列星の寿命は核融合反応の燃料である水素がなくなったときと考えてよい。質量の大きな星は水素がたくさん存在するが、明るく輝くため水素の消費量が膨大となり、水素がすぐになくなってしまう。そのため、主系列星としての寿命は極端に短くなる。星の寿命 τ は、燃料である水素の量（質量 M）をその消費率（光度 L）で割ることによって見積もることができる。太陽と同じ質量の星の主系列としての寿命はおよそ 100 億年であるので、太陽を 1 とする単位では τ =100 億年 × M / L =100 億年 / $M^{2.5 \sim 3}$ と表される。図表 5-1 に、光度が質量の 3.5 乗に比例する場合の主系列星の寿命を示す。質量が大きい星の寿命がいかに短いかがわかる。なお、星が若いのか、老いているのかというときには、何を基準にしているかということに注意する必要がある。

図表 5-1　主系列星の寿命

質量 （太陽= 1 ）	寿命 （億年）	例（太陽= 100 歳）
0.5	560	560 歳
0.7	240	240 歳
1	100	100 歳
2	17.7	17 歳 8 カ月
3	6.4	6 歳 5 カ月
5	1.8	1 歳 10 カ月
10	0.3	4 カ月

2 原始星

原始星があるのは、星が盛んに形成されている**星形成領域**だ。星はガスが収縮して生まれるが、巨大な分子雲の限られた領域で星が集団で生まれる場

合がある。それが**星団**や**星落（アソシエーション）**だ。原始星は、多くの場合、濃い分子雲の中にあるため、赤外線や電波でないと観測できない場合が多い。我々が小型望遠鏡でも目にすることができる星形成領域としては、オリオン星雲（M 42）がある。図表5-2は広域赤外線探査衛星 WISE による星形成領域 W5（IC 1848）である。現在は空洞になっている中央付近に大質量星が先に生まれ、その星からのアウトフローにより周りのガスが押し広げられて空洞ができ、掃き寄せられた空洞の淵で新しい星が生まれている。

図表 5-2　星形成領域 W5（IC 1848）。カシオペヤ座にあり、距離はおよそ 6500 光年。©NASA

③ 主系列星

　主系列星とは、星の一生のうち、水素からヘリウムを合成する核融合反応で安定して輝いている状態の星で、大部分の時期をこの状態で過ごす。夜空に輝く星々の大部分は、この主系列星にあたる。太陽もまた主系列星の１つなのだ。しかし実際には、どの星が主系列星でどの星がそうでないかを判断するのは難しい。ただ、おうし座のプレアデス星団（すばる；M 45）やかに座の甲羅の中にあるプレセペ星団（M 44；ただし明るい数個は赤色巨星）など、明るい散開星団の星々のほとんどは主系列星なのだ！

④ 赤色巨星

　赤色巨星とは、主系列星の時期が終わった後、星が膨張して半径が大きくなり、表面温度が低下して、赤く輝くようになった、巨大な星のことである。夜空に赤やオレンジ色で明るく輝く星は、赤色巨星である。赤色巨星の代表的なものとしては、オリオン座のベテルギウスとさそり座のアンタレスがある。また、小型の望遠鏡では星に分解するのは難しいが、M 13 や M 15 といった球状星団を構成する星々は、生まれてから 100 億年以上経っており、赤色巨星が数多く存在する。

プラスワン

主系列星と赤色巨星

１等星の中で、主なものをあげておこう。おおいぬ座のシリウス、こいぬ座のプロキオン、しし座のレグルス、こと座のベガ（織り姫星）、わし座のアルタイル（彦星）、みなみのうお座のフォーマルハウトは主系列星である。一方、ベテルギウスやアンタレスの他、オレンジ色で輝くおうし座のアルデバラン、うしかい座のアークトゥルス、ふたご座のポルックスは赤色巨星である。

プラスワン

若い散開星団

画像は、みなみじゅうじ座の若い散開星団 NGC 4755 である。星団を構成する明るい星のほとんどは青白い主系列星であるが、星団中の明るい赤い星は主系列星から赤色巨星に進化した星である。この美しい散開星団は宝石箱という名でも知られている。直径はおよそ 20 光年、太陽からの距離はおよそ 6400 光年である。

©Dieter Willasch

プラスワン

球状星団

球状星団はおよそ 100 億年前の天の川銀河が形成された頃に生まれた星の大集団で、その中には多くの赤色巨星が存在する。画像はりょうけん座の球状星団 M 3 で、距離はおよそ 3 万 4000 光年である。

©Karel Teuwen

5章

2節 星の一生はどうなっているか

ポイント 星の一生は、生まれたときのガスの量（質量）で決まってしまう。質量の小さな星は惑星状星雲を形成して静かに死を迎える。一方、質量の大きな星は超新星爆発という華々しい死を迎える。ここでは、質量の違いによる星の進化のドラマを見ていこう。

プラスワン

星の誕生と惑星形成

星が生まれる場合、原始星の周りに原始惑星系円盤が形成される。惑星は、この原始惑星系円盤内で誕生すると考えられている。ハッブル宇宙望遠鏡やすばる望遠鏡などの巨大望遠鏡によって、前主系列星の周りのガス円盤が数多く観測されている。

ぎょしゃ座 AB 星の原始惑星系円盤。この星をとりまく円盤の内側の領域には、二重のリング構造やギャップ（空隙）構造があり、リングが円盤面から傾いていることから、円盤内にはすでに惑星が形成されていると考えられる。

NGC 1333 中の褐色矮星。丸印で示したのが褐色矮星で、この領域でおよそ 90 個見つかっている。すばる望遠鏡と南米の VLT の共同観測による。

---

① 星の誕生

　星の誕生とは、星自身のエネルギーで輝き始めたときをいう。星は、分子雲の密度の高い部分（分子雲コア）が、ガスの自己重力によって収縮し、周りのガスを重力でかき集めながら生まれる。ガスが収縮すると、ガスの重力エネルギーが熱エネルギーに変わり、星は赤外線領域で非常に明るく輝く。この重力エネルギーで輝いている状態の星を**原始星**という。かき集められたガスの一部は回転運動のため原始星に落下せず、原始星の周りを回る原始惑星系円盤を形成する。また、一部のガスは、原始惑星系円盤の回転によってねじられた磁場のため、円盤の回転軸方向に高速で流れ出す原始星ジェット

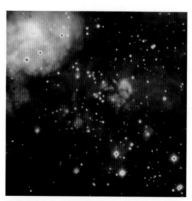

図表 5-3 すばる望遠鏡によるカシオペヤ座の星形成領域 W3 メイン。大量の星が集団で生まれている現場で、残ったガスや塵を照らして明るい星雲を形づくり、暗黒星雲と絡み合って複雑な模様を示す。ここでは星になれなかった褐色矮星もたくさん見つかっている。© 国立天文台

や、回転軸に垂直な方向に低速で流れ出す**アウトフロー**を形成する。しかし、この状態のときは、まだ星の周りには濃いガスが多量に残され、そのガスの中のダストによって星の光が遮られるため、星の姿は可視光線では見ることができず、赤外線や電波でしか観測できない。ガスはゆっくりと収縮を続けていくが、やがて周りの濃いガスは、アウトフローなどによって徐々に宇宙空間に散っていき、星の姿を可視光線でも見ることができる状態となる。これらの星は主系列星になる直前の星であることから、**前主系列星**と呼ばれる。

② 主系列星の誕生

　収縮が続けば、中心密度は高くなり、中心温度も上昇する。中心温度が1000万 K を超えると、中心部で水素（H）がヘリウム（He）に変わる核融

合反応が発生する。すると収縮は止まり、この核融合のエネルギーで星は安定的に輝き始める。**主系列星**の誕生である。現在の太陽も、この主系列の段階にある。ただ、主系列星になるためには、太陽の 0.08 倍以上の質量が必要となる。それ以下だと、核融合反応が発生する中心温度に達する前に、ガスの圧力で収縮が止まってしまい、**褐色矮星**（☞ 4 章 4 節）となる。褐色矮星は、生まれたての段階では赤外線で輝いているが、その後しだいに冷えて暗くなっていく。このような褐色矮星が、近年の赤外線観測により、図表 5-3 の W3 やオリオン大星雲などの星形成領域で数多く見つかっている。

③ 赤色巨星への進化

主系列星で輝いている間、恒星の中心部では水素からヘリウムがつくられ、ヘリウムが中心部に溜まっていく。この部分を**ヘリウムコア**と呼ぶ。ヘリウムコアは次第に大きくなっていくが、その中では核融合反応は起こらず、ヘリウムコアの外側の部分で水素の核融合反応が起こっている。主系列星のうち、質量が太陽の 0.46 倍より大きな星は、ヘリウムコアがゆっくりと収縮を始める。すると、全体のバランスを保つため外層は大きく膨張し、その結果、表面の温度は下がり、星の色は赤くなっていく。しかし半径は大きくなるため、星の光度は明るくなっていく。これが**赤色巨星**への進化である。HR 図上では、主系列星から、右上に移動していくが（☞次節）、この移動期間は数千万年程度であり、太陽の主系列星としての寿命である 100 億年にくらべると非常に短い。そのため、HR 図上で主系列星と赤色巨星の間に存在する星の数は少ない。なお、質量が太陽の 0.46 倍より小さな主系列星は、やがて中心部のヘリウムコアを包み込む水素の外層が宇宙空間に霧散し、最後はヘリウムを主成分とした**白色矮星**として星の一生を終える。しかし、水素の外層が霧散するまでには、宇宙の年齢 138 億年よりはるかに長い 500 億年以上もかかるため、このようにして一生を終えた星はまだ存在しない。

④ 星の死

赤色巨星に進化した後、星は死を迎えることになる。質量が太陽の 8 倍より小さな星は、ヘリウムコアの内部で、ヘリウムから炭素（C）や酸素（O）を合成する核融合反応が始まり、炭素＋酸素のコアが成長していく。ヘリウムの核融合反応が始まると星の表面温度は再び上昇し、星は HR 図上をほぼ水平に、左側に移動していく。その間に、膨張して巨大になった星の外層は静かに星から離れていき、星の周りに**惑星状星雲**と呼ばれるガス状の星雲が形成される。また、中心部の炭素＋酸素のコアはそのまま白色矮星となり、

図表 5-4 VLT 干渉計による**赤色巨星アンタレス**。半径は太陽のおよそ 700 倍もあり、太陽の位置にアンタレスを置けば、その表面が木星の軌道付近まで達する大きさだ。©ESO

プラスワン

惑星状星雲
画像は、わし座の惑星状星雲 NGC 6751 である。直径はおよそ 0.8 光年（太陽系のおよそ 800 倍）で、太陽からの距離はおよそ 6500 光年である。中心星の表面温度はおよそ 14 万 K もあり、中心星からの強烈な放射と恒星風によって、ガスの流れのような構造がみられる。この構造により、Glowing Eye Nebula（熱烈な目の星雲という意味）とも呼ばれている。

©Hubble Legacy Archive, ESA, NASA

プラスワン

散開星団中の惑星状星雲
画像はとも座にある散開星団 M 46 である。距離はおよそ 5000 光年、年齢はおよそ 3 億年の若い星団で、その中に惑星状星雲 NGC 2438 が見られる。星団のメンバーの星で、太陽の 8 倍以下の質量の星が進化してこの惑星状星雲を形成したと考えるのが自然だが、実はそうではないようだ。NGC 2438 までの距離がおよそ 3000 光年であること、またその運動が星団の運動と異なっていることから、たまたま M 46 と重なって見えているだけとのことである。

©NASA

● **白色矮星** ☞用語集

069

プラスワン

超新星の種類

超新星爆発は、水素の吸収線が見られないI型と見られるII型に分類される。I型はさらに、ケイ素の吸収線が見られるIa型、ケイ素の吸収線は見られず、ヘリウムの吸収線が見られるIb型、ケイ素の吸収線もヘリウムの吸収線もどちらも見られないIc型に細分される。II型は、太陽の質量の8倍より大きな恒星が、進化の段階で死を迎えるときに起こる現象で、中心部には中性子星やブラックホールが残る。なお、Ib型は水素の外層が、Ic型は水素とヘリウムの外層が強い放射や恒星風によって流出した後に、II型と同様、重力崩壊型超新星爆発を起こしたものである。これに対しIa型は、連星系をつくっている白色矮星が、その限界質量を超えたときに起こす大爆発である。連星系のもう一方の星が赤色巨星に進化する段階で、その外層の一部がはぎ取られ、白色矮星に降り積もっていく。このとき、白色矮星の限界質量（太陽の質量のおよそ1.4倍）を超えてしまうと、白色矮星として星を支えきれず、大爆発を起こす。この場合、星全体が粉々に砕け、中心部には何も残らない。

惑星状星雲の中心星として残る。白色矮星の内部では核融合反応が起こらないため、新しいエネルギーを生み出すことができず、星の死となる。太陽も、あと50億年後には主系列星を離れ、赤色巨星へと進化した後、惑星状星雲をつくり、中心部は**白色矮星**となる。このような星の死は、静かな死といえる。

では、質量が太陽の8倍以上の星はどのような死を迎えるのであろうか。中心部では、炭素や酸素からネオン（Ne）やマグネシウム（Mg）を、ネオンやマグネシウムからケイ素（Si）を、ケイ素から鉄（Fe）を合成する核融合反応が次々と起こっていき、星の内部は、タマネギの層状構造のように、元素の違うたくさんの球殻が形成されていく。そうしていくうち、中心部で電子が陽子に吸収され、中心部では中性子のコアがつくられる。中性子は電気的反発力がないため、中性子コアは重力によって急激に収縮し、半径10km程度の大きさの**中性子星**となる。その結果外層の部分も中心に向かって急激に落下し始める。**重力崩壊**と呼ばれる現象である。しかし落下した外層のガスは、中性子星の表面で止められてしまい、その反動で、星は大爆発を起こす。**II型超新星爆発（重力崩壊型超新星爆発）**である。吹き飛ばされた外層のガスは、一時、超新星残骸として残るが、やがて宇宙空間に散って、再び星間ガスの一部となる。中心部には、半径10km程度の中性子星が残るが、太陽の質量の40倍以上の星の場合はブラックホールが形成される。

図表 5-5 星の質量による進化の違い。図中の数値は、太陽を1としたときの星の質量を表す。

▶▶▶ 星団の色 - 等級図

　横軸に色指数を、縦軸に見かけの等級をとって星団の色 - 等級図を作成すると、それは星団の HR 図とほぼ同じ図になる。なぜならば、色指数が星の表面温度と密接に関係しており、また、星団内の恒星までの太陽からの距離がほぼ等しいため、絶対等級と見かけの等級の差は、星団内の恒星でほぼ等しくなるからである。星団では様々な質量の恒星が生まれるが、これらの恒星の年齢はほぼ等しいと考えられるので、星団の色 - 等級図から、質量の異なる恒星の HR 図上の進化の様子を知ることができるだけでなく、星団までの距離や星団の年齢を知ることができる。恒星は、主系列星として生まれるので、生まれたての星団の色 - 等級図は、主系列星のみを示す。主系列星の絶対等級と色指数の関係はわかっているので、星団の色 - 等級図に見られる主系列星の分布と比較して、それらの絶対等級と見かけの等級の差が大きいほど星団までの距離が遠いことになる。また、質量の大きい主系列星、すなわち色指数が小さな主系列星ほど赤色巨星への進化が早く、主系列星から離れていく。この主系列星から赤色巨星への移動をし始めた部分は、星団の色 - 等級図上では、色指数の小さな主系列星の部分から右方向への折れ曲がりとして現れ、この折れ曲がりの部分を転向点と呼ぶ。その結果、転向点より左側の主系列星はなくなり、転向点の位置の色指数が小さいほど若い星団、大きいほど年老いた星団になる。下の図は若い散開星団プレアデス（M 45：すばる）と古い散開星団 M 67 の色 - 等級図である。横軸は色指数 $B - V$、縦軸は見かけの等級 m である。また、グレーの太い実線は主系列星を、矢印は転向点の位置を示す。

若い散開星団プレアデスの色 - 等級図

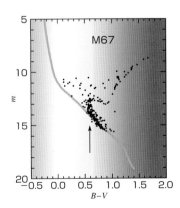

古い散開星団 M67 の色 - 等級図

プラスワン

色指数

星からの光は、星の表面温度（スペクトル型）によって、波長による強度の分布が違ってくる。光の強度が最も強くなる波長は、表面温度が 20000 K（B 型）の星では 145 nm の紫外線領域、10000 K（A 型）の星では 290 nm の紫外線領域、6000 K（G 型）の星では 480 nm の緑色の領域、3500 K（M 型）では 830 nm の赤外線領域となる。星の光を、300 ～ 400 nm の波長域で測った等級を U 等級、400 ～ 500 nm の波長域で測った等級を B 等級、500 ～ 650 nm の波長域で測った等級を V 等級という。これらの各波長域で測定した U、B、V 等級の差、$U-B$、$B-V$ を色指数と呼ぶ。そのため、色指数が小さいほど高温の星、大きいほど低温の星になる。なお、スペクトル型 A0 星で $U=B=V$ となるように定義されており、色指数としては、通常 $B-V$ の値が用いられる。

プラスワン

メシエ番号と NGC 番号

明るい星雲や星団、銀河などには、M や NGC の番号がついているものが多い。M のついているものはシャルル・メシエが番号をつけたもので、M 109 まで登録されている（M はメシエを意味する）。NGC はジョン・ドレイヤーが著した天体カタログ New General Catalogue の略称で、7840 個の天体が登録されている。両方の番号がついている天体も多いが、M がついているものは M で記載するのが一般的である。

③ HR 図上の星の進化

ポイント HR 図の位置と星の進化には密接な関係がある。前節で述べたように、星は質量（ガスの量）によってその一生が決まってしまう。ここでは、星の進化と HR 図上の位置との関係を見てみよう。

プラスワン

林トラックと林フェイズ
HR 図上における前主系列星の進化経路（図表5-6）をみると、大質量の星は左上方へ進むが、太陽質量や小質量の星はほぼ真下に移動する。このことを最初に指摘した林忠四郎にちなみ、この経路を**林トラック**（林の経路）と呼び、この段階の星を**林フェイズ**にあるという。

① 原始星から主系列へ

　原始星は、収縮と周りのガスの降着による重力エネルギーで輝いている星であり、主に赤外線で輝いている。表面温度は低く、収縮とともに前主系列星となり、主系列星の位置へ移動していく。主系列星は、質量によって表面温度と光度が大きく異なるので、質量によって移動先が異なってくる。図表5-6は、前主系列星から主系列星への進化経路を HR 図上に示したものである。横軸は表面温度、縦軸は絶対等級である。左上から右下に伸びる太い実線は主系列星の位置を表す。細い実線は、質量による進化経路の違いを示したもので、図中の数値は太陽の質量を 1 としたときの前主系列星の質量を表す。また、a ～ d の記号は、前主系列星が収縮を始めてから a が 10 万年後、b が 100 万年後、c が 1000 万年後、d が 1 億年後の位置を表す。質量の大きな前主系列星ほど、短い時間で主系列星になることがわかる。

図表 5-6　前主系列星から主系列星までの進化経路

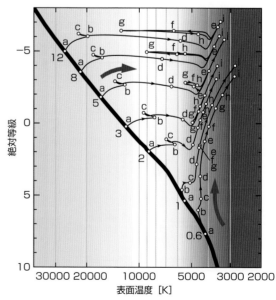

図表 5-7　主系列星から赤色巨星への進化経路

図表 5-8 表面温度と色指数、星の色との関係

スペクトル型	O5	B0	A0	F0	G0	K0	M0
表面温度 [K]	42000	30000	9790	7300	5940	5150	3840
色指数 $B-V$	− 0.33	− 0.3	− 0.02	0.30	0.58	0.81	1.40
色	青白	青白	白	淡黄	黄	オレンジ	赤

② 主系列星から赤色巨星へ

　星は、主系列星の状態が最も安定で、星の寿命の大部分を主系列星として過ごすが、やがて赤色巨星へと進化していく。図表 5-7 は、主系列星から赤色巨星への進化経路を、星の質量別に HR 図上に示したものである。左上から右下に伸びる斜めの太い実線は主系列星の位置を表す。主系列星の中の点 a の左側の数値は、太陽の質量を 1 としたときの主系列星の質量である。点 a は生まれたときの主系列星の位置を表し、図中の a〜i を結ぶ細い実線は、その質量の星の赤色巨星への進化経路を表す。ただ、質量が違えば、同じ記号でも時間はまちまちである。点 b の位置での時間は、質量が太陽の 0.6 倍で約 800 億年、1 倍で 100 億年、2 倍で 14 億年、3 倍で 4.5 億年、5 倍で 1.2 億年、8 倍で 4300 万年、12 倍で 2000 万年であり、質量が大きくなると主系列星から離れる時間が極端に短くなることがわかる。太陽の質量より大きな星が赤色巨星の e 点に達すると、中心部に溜まったヘリウムから主に炭素や酸素を合成する核融合反応が始まる。すると、この e 点から進化経路をほぼ逆行して g 点に達し、そこから再び赤色巨星へと向かうという複雑な経路を示す。

③ 赤色巨星から星の死へ

　赤色巨星となった恒星は、その後、死を迎える。太陽の質量の 8 倍より大きな星は II 型超新星爆発を起こし、華々しい死を迎える。外層は宇宙空間に激しく吹き飛ばされ、超新星残骸を形成する。また、中心部には、中性子星やブラックホールが形成される。つまり、HR 図上では、赤色巨星の位置から、突然姿を消してしまうことになる。

　太陽の質量の 8 倍より小さな星は、赤色巨星となった後、赤色巨星の外層を静かに宇宙空間に解き放つ。そしてその外層は、惑星状星雲を形成した後、やがて宇宙空間に霧散してしまうが、赤色巨星の中心部にあるコアの部分は、白色矮星として残る。図表 5-9 に、太陽と同じ質量の星の原始星から星の死までの HR 図上の経路を模式的に示す。白色矮星は、主系列星より左下に位置しているが、赤色巨星から白色矮星までの経路は、途中で星の外層が惑星状星雲となってしまうため、破線で示されることが多い。

プラスワン

赤色巨星への経路
HR 図上における主系列星から赤色巨星への進化経路（図表 5-7）をみると、小質量の星（赤色星）はおおざっぱに上方へ向けて移動する。したがって、表面温度 T はあまり大きく変化しないので、ステファン・ボルツマンの法則（$L = 4\pi R^2 \sigma T^4$）より、光度 L が増加するに伴い、半径 R は光度のおよそ 1 / 2 乗に比例して増加し、星は（赤色）巨星となっていく。一方、大質量の星では光度がほぼ一定のまま、右方へ移動する（表面温度が下がり赤くなる）。したがって、ステファン・ボルツマンの法則より、星の半径は温度のおよそ 2 乗に反比例して増加し、やはり赤色巨星となっていく。

図表 5-9 太陽と同じ質量の星の進化経路。
原始星、前主系列星、主系列星、赤色巨星を経た後、惑星状星雲を形成し、中心部は白色矮星となる。

4節 星は死して何を残す

ポイント 古来より、「虎は死して皮を留め、人は死して名を残す」ということわざがある。では、星は死して何を残すのだろうか？ 星の死と我々との意外な関係について見ていこう。

プラスワン

超新星残骸
大マゼラン雲中の超新星残骸 N49。可視光の画像に、赤外線（赤）とX線（青）の画像を重ねて合成した疑似カラーの画像である。周りに濃い分子雲が存在するため、非対称な形状になっている。

©NASA

プラスワン

はくちょう座 X-1
チャンドラ衛星によるはくちょう座 X-1 のX線画像で、強いX線はブラックホールの周りの降着円盤から出ていると考えられている。

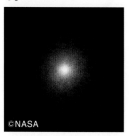

©NASA

▶ 新星と超新星 ☞用語集

1 星の死によって残される天体

これまで見てきたように、質量が太陽の 0.46 〜 8 倍の間の星は、惑星状星雲を形成して死を迎える。そのときに残されるものは、惑星状星雲をつくるガスと、中心部に残される白色矮星である。一方、質量が太陽の 8 倍より大きな星は、超新星爆発を起こして死を迎える。超新星爆発によって吹き飛ばされた外層は超新星残骸を形成する。また、中心部には、中性子星やブラックホールが残る。中性子星は、正確な周期で電波パルスを放射するパルサーとしてしばしば観測される。パルサーは、半径 10 km くらいの中性子星が高速で自転しており、その自転軸に対して磁場の極（磁極）を結ぶ軸が大きく傾いているために、周期的に強いパルス状の電波が観測される天体である。このように、星は死して、中心部に白色矮星、中性子星、またはブラックホールを残し、周囲には惑星状星雲、または超新星残骸を残す。

図表5-10 球状星団M4中に見られる白色矮星。ハッブル宇宙望遠鏡で撮影されたさそり座の球状星団 M4 の外縁付近の一部を拡大したもので、丸で囲まれた中央部に淡く写っているのが白色矮星である。M4 には数多くの白色矮星が存在することが確認されている。©NASA

2 我らは星の子

星の世界と我々とは全く関係ないと思いがちであるが、実はそうではない。我々の体や、我々の住む地球をつくっている様々な元素（炭素や酸素、カルシウム、ケイ素、鉄など）は、水素とヘリウムとわずかなリチウムを除けばすべて星によってつくられたのだ。星の内部では、核融合反応によって炭素

や酸素、ケイ素など、鉄より軽い元素が合成される。それらの元素は、超新星爆発によって宇宙空間にまき散らされる。また、超新星爆発時には、その膨大なエネルギーにより、少量ではあるが、鉄より重い様々な元素も合成される。超新星爆発を起こす星の寿命は1億年より短いため、このような星は、これまで幾度となく生まれ、死を迎えている。宇宙初期には水素とヘリウムとわずかなリチウムしかなかった星間ガスに、超新星爆発によって宇宙空間にまき散らされた**重元素**（水素とヘリウム以外の元素）が交じり、次第に重元素の割合が増えていった。そして、今からおよそ50億年前に、重元素がおよそ2%まで増加していた星間ガスが集まって太陽が生まれた。そのとき、太陽の周りに**原始太陽系円盤**が形成され、その中の重元素が集まって地球などの惑星がつくられた。つまり、我々の体や地球をつくっている元素は、以前、どこかの星によって合成されたものである。その意味で、「我らは星の子」といえる。

地球（地殻）を構成する元素と宇宙（太陽大気）の構成元素の量を比較してみると（図表5-11）、水素とヘリウムを除けば、地球と宇宙の元素組成は非常によく似ていることがわかる。地球などの惑星をつくった材料は、太陽をつくったガスの材料から水素とヘリウムを除いたもの（重元素）なのだ。

原子核の魔法数

原子核の陽子と中性子の個数がそれぞれ2、8、20、28、50、82、128のいずれかである原子核は非常に安定であり、これらの数字を原子の魔法数という。括弧内の前の数値を陽子数、後の数値を中性子数とすると、安定な現存の例として、ヘリウム（2、2）、酸素（8、8）、カルシウム（20、28）、鉛（82、126）などが挙げられる。

5章

星々の一生

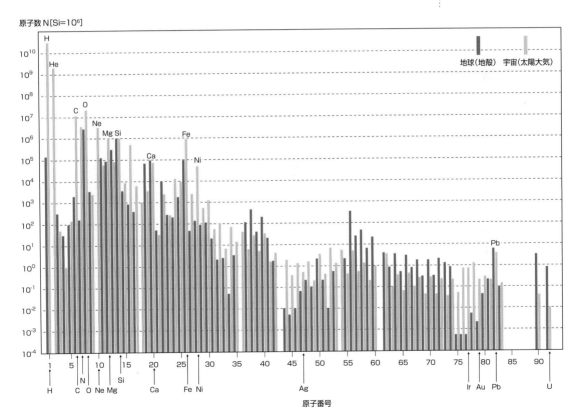

図表 5-11 地球（地殻）と宇宙（太陽大気）に存在する元素の個数の比較。
横軸は原子番号、縦軸はケイ素（Si）の個数を10^6個としたときの元素の個数を、対数スケール（一目盛りで10倍違う）で示している。各元素について、左側の青色が地球を、右側の黄色が宇宙を表す。宇宙には水素とヘリウムが圧倒的に多いことがわかる。宇宙が生まれたときには、水素とヘリウムとわずかなリチウムだけの宇宙であったが、その後、星が生まれ、質量の大きな星がその内部で、主に鉄（Fe）までの重い元素を合成した。鉄までの元素が、それより重い右側の元素に比べて数桁多く存在しているのはそのためだ。鉄より重い元素は、超新星爆発のときの一時的な核融合反応でしか合成できないため、鉄より軽い元素に比べ、存在比が非常に少ない。

プラスワン

ニュートリノ天文学

ニュートリノ（記号 ν ）は、電荷をもたず、他の素粒子とほとんど相互作用をしない素粒子で、水素の核融合反応や超新星爆発などによって発生する。宇宙から飛来するニュートリノを検出し、天体現象を調べる手法がニュートリノ天文学だ。なお、ニュートリノ天文学では、小柴昌俊が 2002 年に、梶田隆章が 2015 年にノーベル物理学賞を受賞している。

プラスワン

アルゴルパラドックス

アルゴルはペルセウス座の β 星で、食変光星として最も有名な恒星の1つである。主星（明るい方）は質量が太陽のおよそ3倍でスペクトル型がB型の主系列星、伴星（暗い方）は質量が太陽のおよそ 0.7 倍でスペクトル型がK型の準巨星である。一般に、質量の大きな星ほど早く主系列星を離れ、赤色巨星へと進化していく。しかし、アルゴルの場合、質量の大きな主星がまだ主系列星に留まっているのに対し、質量の軽い方が赤色巨星への進化を始めているという逆転現象が起こっているのだ。このように、進化の順序に逆転が起こっている現象をアルゴルパラドックスという。これは、連星系の質量の大きい方が、先に赤色巨星へと進化を始めて膨張すると、その外層がもう一方の質量の小さい星へ流入し、質量の逆転が起こるためだ。このように、近接連星系の星の進化は、単独星とは異なる進化をたどることが多い。

▶▶▶ セファイド型変光星と距離測定

　明るさは距離の2乗に反比例して暗くなる。したがって、ある星を2倍の距離に遠ざけた場合明るさは 1/4 に、10 倍の距離に遠ざけた場合、明るさは 1/100 になる。

　セファイド型変光星（単に、セファイドとも言う）は、星自身の半径が周期的に変動して明るさを変える脈動変光星の1つである。太陽の質量より数倍以上大きい星が進化の段階で、下図の最初の図に示される HR 図上のセファイド不安定帯（2本の青い線の間の領域）に入ると、セファイド型変光星になる。変光周期は数日〜200 日で、変光幅は 0.05 〜 2 等である。絶対等級は −2 〜 −7 等であり、非常に明るい変光星である。また、セファイド型変光星は、絶対等級が明るいものほど変光周期が長いという、**周期光度関係**がある（下図の2番目の図）。そのため、星団や銀河など、ある天体中に存在するセファイド型変光星の変光周期と明るさ（等級）を測定し、周期光度関係を用いることで、その天体までの距離を求めることができる。セファイド型変光星は、天体の距離を求めるための重要な天体の1つなのである。

HR 図上のセファイド不安定帯。太い実線は主系列星を表し、左下の数値は、太陽を1としたときの星の質量を表す。そこからの矢印のついた細い実線は、その質量の星の進化経路を表す。青い2本の直線で囲まれた領域がセファイド不安定帯で、星が進化の段階でこの中を通過するとき、セファイド型変光星となる。

セファイド型変光星の周期光度関係。横軸は変光周期（日）、縦軸は絶対等級（最も明るくなったときと最も暗くなったときの平均値）である。変光周期の長いものほど絶対等級が明るくなっていることがわかる。セファイド型変光星の変光周期がわかれば、絶対等級が求まり、そのセファイドの見かけの等級とから、距離を求めることができる。

Question 1

林トラック（林の経路）とは何か。

① 原始星が主系列星になるとき、HR 図上をほぼ水平に左方向に移動していくときの経路

② 原始星が主系列星になるとき、HR 図上をほぼ垂直に下方向に移動していくときの経路

③ 主系列星が赤色巨星へ進化するとき、HR 図上をほぼ水平に右方向に移動していくときの経路

④ 主系列星が赤色巨星へ進化するとき、HR 図上をほぼ垂直に上方向に移動していくときの経路

Question 2

太陽の質量の数倍大きな恒星が赤色巨星へ進化する場合、HR 図上をほぼ光度が一定のまま、水平方向に移動する。光度が一定の場合、恒星の半径と表面温度にはどんな関係が成り立つか。

① 半径は表面温度の 2 乗に比例する

② 半径は表面温度の 2 乗に反比例する

③ 半径は表面温度の 4 乗に比例する

④ 半径は表面温度の 4 乗に反比例する

Question 3

太陽の質量の半分程度の恒星が赤色巨星へ進化する場合、HR 図上をほぼ表面温度が一定のまま、垂直方向に移動する。表面温度が一定の場合、恒星の半径と光度にはどんな関係が成り立つか。

① 半径は光度に比例する

② 半径は光度に反比例する

③ 半径は光度の平方根に比例する

④ 半径は光度の平方根に反比例する

Question 4

太陽の質量の 10 倍の原始星がある。この原始星はその後、どのように進化するか。

① 主系列星→ 赤色巨星→ Ia 型超新星爆発

② 主系列星→ 赤色巨星→ Ⅱ 型超新星爆発

③ 主系列星→ 赤色巨星→ 白色矮星

④ 主系列星→ 白色矮星

Question 5

Ib 型超新星爆発の記述として正しいものはどれか。

① 水素の吸収線が観測される

② 水素の吸収線とケイ素の吸収線は観測されないが、ヘリウムの吸収線が観測される

③ 水素、ヘリウム、ケイ素のいずれの吸収線も観測されない

④ 水素の吸収線は観測されないが、ケイ素の吸収線が観測される

Question 6

太陽の質量の 2 倍の主系列星がある。この主系列星の光度は、太陽の何倍くらいか。ただし、主系列星の光度は質量のおよそ 3.5 乗に比例するものとする。

① 3 倍　　② 10 倍　　③ 30 倍　　④ 100 倍

Question 7

太陽の質量の 2 倍の主系列星がある。この主系列星の寿命はどのくらいか。ただし、主系列星の光度は質量のおよそ 3.5 乗に比例し、太陽の寿命を 100 億年とする。

① 10 億年　　② 20 億年　　③ 40 億年　　④ 80 億年

Question 8

図は、縦軸に見かけの等級を、横軸に色指数をとって作成した 4 つの散開星団の色‐等級図である。この星団の中で太陽に最も近い星団はどれか。

Question 9

Question8 の図に示された 4 つの散開星団の中で、最も年齢の古い星団はどれか。

① ② ③ ④

Question 10

ある銀河に、変光周期 20 日のセファイド型変光星の平均等級が 19 等で観測された。同じ銀河に変光周期 5 日のセファイド型変光星が見つかったとすると、このセファイド型変光星の平均等級はおよそ何等級になるか。なお、p.76 のコラム中のセファイド型変光星の周期光度関係の図を使ってよい。

① − 3.5 等級　② 17.5 等級　③ 20.5 等級　④ 22.5 等級

Answer 1

❷ 原始星が主系列星になるとき、HR 図上をほぼ垂直に下方向に移動していくときの経路

林トラックとは、太陽質量や小質量の原始星が収縮するときの経路のことである。この質量の原始星は、HR 図上ではほぼ真下に移動する。林忠四郎によって初めて示されたのでこの名がついている。

Answer 2

❷ 半径は表面温度の 2 乗に反比例する

恒星の光度 L は、ステファン・ボルツマンの法則により、半径 R の 2 乗と表面温度 T の 4 乗に比例する。したがって、光度が一定であれば、$R^2 T^4 =$ 一定となり、これから、R は T の 2 乗に反比例することがわかる。

Answer 3

❸ 半径は光度の平方根に比例する

恒星の光度 L は、ステファン・ボルツマンの法則により、半径 R の 2 乗と表面温度 T の 4 乗に比例する。したがって、表面温度が一定であれば、$R^2 \propto L$ となり（$\propto$ は「比例する」という意味の記号）、これから、R は L の平方根に比例することがわかる。

Answer 4

❷ 主系列星 → 赤色巨星 → Ⅱ型超新星爆発

太陽の 8 倍以上の質量の星は、赤色巨星へ進化した後、Ⅱ型超新星爆発を起こすので ❷ が正答となる。❸ は太陽の質量の 0.46 から 8 倍の星の進化、❹ は太陽の質量の 0.08 から 0.46 倍の星の進化である。なお Ia 型超新星爆発は、連星系の白色矮星が、その限界質量を超えたときに起こす超新星爆発であり、❶ の進化は存在しない。

Answer 5

❷ 水素の吸収線とケイ素の吸収線は観測されないが、ヘリウムの吸収線が観測される

水素の吸収線が観測されないものが I 型超新星、観測されるものが Ⅱ型超新星（❶）である。また、I 型のうち、ケイ素が観測されるものが Ia 型（❹）、ヘリウムもケイ素も観測されないものが Ic 型（❸）である。

Answer 6

❷ 10 倍

質量光度関係より、$2^{3.5} = 2^3 \times \sqrt{2} = 8 \times 1.4 = 11.2$ となり、最も近い ❷ が正答となる。

Answer 7

❷ 20 億年

光度が質量の 3.5 乗に比例する場合、寿命は質量の 2.5 乗に反比例する。したがって、この恒星の寿命は $100/2^{2.5} = 100/(2^2 \times \sqrt{2}) = 100/(4 \times 1.4) = 17.9$ 億年となり、最も近い ❷ が正答となる。

Answer 8

主系列星の並びの中で、同じ色指数のところで比較すると、❷ の星団の見かけの等級が最も明るい。したがって最も近い星団であることがわかる。

Answer 9

主系列星から赤色巨星へ進化を始めている転向点の色指数を見ると、❶ はおよそ 0.4、❷ はおよそ 0.2、❸ はおよそ 0.6、❹ はおよそ− 0.1 である。転向点の色指数が大きいほど古い星団であるので、❸ が正答となる。

Answer 10

❸ 20.5 等級

周期光度関係の図より、変光周期が 20 日のセファイド型変光星の絶対等級はおよそ− 5 等級、変光周期 5 日のセファイド型変光星の絶対等級はおよそ− 3.5 等級である。したがって変光周期 5 日の変光星の方がおよそ 1.5 等級暗い。したがって 19 等＋ 1.5 等＝ 20.5 等となり、❸ が正答となる。

6章

天の川銀河は何からできているのか?

時間と空間とを一緒に扱う理論である一般相対論を構築したアインシュタイン自身は、重力レンズが観測される可能性は小さいだろうと考えていたが、アインシュタイン生誕百周年の 1979 年、最初の重力レンズ像 QSO0957+561A、B が劇的に発見された。以来、リング状の像や十字架状の像など、多種多様な重力レンズ天体が発見されている。リング状の像は、アインシュタインリングと呼ばれる。©NASA

宇宙背景放射

　1964 年、アメリカのベル電話研究所のアーノ・ペンジアスとロバート・ウッドロウ・ウィルソンは、通信には邪魔な雑音電波の調査中に、波長 1 mm あたりが最も強く、あらゆる方向からやってくる発生原因が不明の電波をとらえた。この電波は、後に宇宙がビッグバンによって誕生したことの証拠であったことがわかり、「宇宙背景放射」と呼ばれる。

　ビッグバン宇宙論では、宇宙の始まりは、光が透過できないほど高温・高密度のプラズマ状態だったと考えられている。この宇宙が時間とともに膨張するにつれて冷えていき、やがて光が透過できるようになり（このときの温度が 3000 K 程度）、現在およそ 3 K まで冷えたといわれている。あらゆる物質は温度に応じた光を放出している（黒体放射という）が、3 K の温度では、この黒体放射の波長が 1 mm 程度の電波になる。ペンジアスとウィルソンが観測したのはまさにこの 3 K の光だったのだ。

宇宙の歴史の概略図

ビッグバンからの経過時間

約 38 万年▶

▶ビッグバン
宇宙は電離ガスで満たされる

◀宇宙は中性化し、透明になる（晴れ上がり）

約 10 億年▶

恒星、そしてそれらが集まった銀河が形成され始め、再電離が始まる

◀再電離が完了する

銀河が進化する

約 90 億年▶

太陽系が形成される

約 138 億年▶

現在

ビッグバンから約 38 万年後には、プラズマ状態から電子と陽子とが結合して水素原子がつくられ、全体の温度・密度がさらに下がって、光は電子に邪魔されずにまっすぐ進み、透過できるようになる。この段階を宇宙の晴れ上がりといい、このときの光（宇宙背景放射）は、電磁波の観測での最古の情報を与える。これよりも過去に何が起こっていたのかを知るには、重力波などの情報を用いる必要がある。©SPL/PPS 通信社

電波望遠鏡とペンジアスとウィルソン。2 人は 1978 年にノーベル物理学賞を受賞した。©SPL/PPS 通信社

▶▶▶ 輻射と放射について

　輻は車輪のスポークの意味であり、光が四方八方に放たれる様子を輻射という。現在でも専門家の文章では輻射が使われることが多い。一方、輻は常用漢字ではないので、学校現場などでは同じ意味で放射が使われている。ここでも「宇宙背景放射」と記した。

コラム

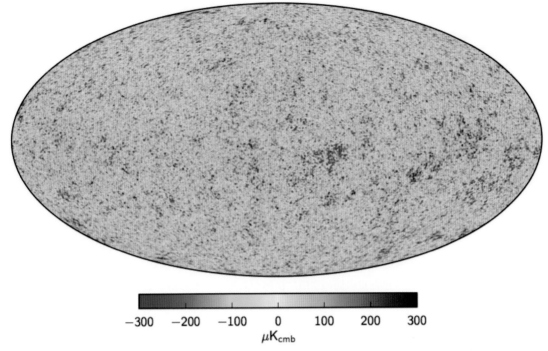

プランク衛星やWMAP衛星等のデータを用いた宇宙背景放射のゆらぎの全天マップ（出典：Planck Collaboration et al. 2016, AA 594,1）。宇宙背景放射は
どこでも均一ではなく、実は場所に応じて少しずつ異なっており、これを「ゆらぎ」と呼んでいる。この図はプランク衛星の観測結果で、赤色の部分の温度は高く、
青い部分は低い。このゆらぎの程度は、典型的にはその差は ＋／－ 0.00001 度。図の中央は天の川銀河の中心。

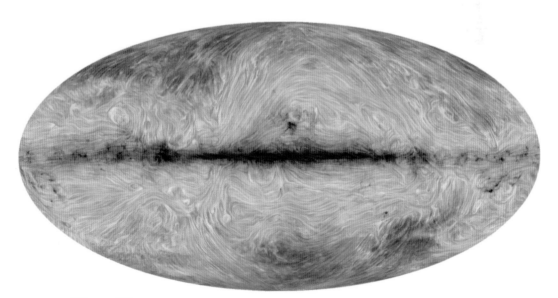

星間塵による熱輻射と、この輻射の偏波から星間磁場の向きを示した全天マップ（Planck Collaboration et al. 2016, AA 594,1）。プランク衛星では
宇宙背景放射のみならず、星間塵の熱輻射も観測されており、この図はその結果を示す。上図と同様に、中心が天の川銀河の中心、その水平方向が銀
河面（天の川）である。星間塵の熱輻射が強いところは濃い茶色で示されており、天の川に沿って星間塵の熱輻射が強いことがわかる。この図には、推
定される磁場の向きが線状に描かれている。磁場の向きは、熱輻射の偏波から推定されている。

6章

1節 星間空間には何がある?

ポイント 星と星は、光速でも数年かかるほど離れている。この大空間は、完全な真空ではなく、ガスや塵が存在している(星間物質)。通常は希薄だが、密度が高くなり、新たな星(恒星)や惑星等がつくられる。地上のものを構成する物質すべては、地球ができあがった時にはあったはず。星間物質は天体のみならず、地球上のものすべての原料なのだ。

図表 6-1 天の川銀河の中心方向 © 福島英雄

プラスワン

天の川≠銀河?

文学では、「銀河」は「天の川」のことであるが、現在の天文学では、この 2 つの言葉が意味するものは違う。「銀河」は、アンドロメダ銀河のように、多くの星からなる天体であり、宇宙に多数存在する。英語では galaxy(複数では galaxies)と書く。銀河の中でも太陽系を含む銀河のことを「天の川銀河」(または「銀河系」、「我々の銀河系」)と言い、英語では the Milky Way galaxy(または the Galaxy、our Galaxy)と書く。夜空に「天の川」として見えるのは「天の川銀河」の恒星の光なのである。

ちなみに俳句では、「天の川」は秋の季語であり、実際の空では夏の星座の中に見えるが、冬の星座の中にも、淡く、天の川は見えている。一方、銀河(galaxies)が見えやすいのは、春や秋の星座の中である。なぜそうなるのか考えてみよう。

● 星間フィラメント

星間フィラメントの幅は、0.1 パーセク程度と観測される場合が多い。星形成は、フィラメントの密度の高い部分で起こっていると考えられている。

● 分子雲 『☞用語集

1 宇宙空間は真空?

星と星の間の空間には何があるのだろうか? 星間空間は、完全な真空なのだろうか? 何もないように思われる星間空間に、色々な観測から、様々な形態でガスや塵が存在していることがわかっている。ここでは、星間物質がどのように観測されるのか、星間物質の形態を特徴づける温度や密度にも着目し、その様子を見てみよう。

2 暗黒星雲

暗い星まで写っている天体写真をよく見ると、天の川はきれいに流れているのではなく、所々、黒く塗りつぶされたようになっているのがわかる(図表 6-1)。これは、星間空間を漂う星間塵が、星の光を隠すためである。このように、より遠方の星の光を遮る領域を、**暗黒星雲**という。"雲"というのは、不定な形をしていることによる。暗黒星雲は、詳細に観測すると筋状になっていることが多く、この構造を、**フィラメント**(または星間フィラメント)という。また地球上の雲は、水や氷の粒でできているが、宇宙の雲は、ガスと塵からできている。暗黒星雲は、どこにでもあるわけではなく、天の川の方向に多く、天の川から離れると少ない。このため、可視光では天の川方向の星の光は届きにくく、約 3000 光年(約 1000 パーセク)で光の強度は約 2.5 分の 1(約 1 等級の減光)になる。

可視光より長い波長の電磁波は、星間塵の影響を受けにくい。そこで、赤外線や電波を観測して、暗黒星雲の中の様子を知ることができる。暗黒星雲からは、色々な分子が発する電波(ミリ波やサブミリ波)が観測され、分子があることがわかる。このため、分子雲と呼ばれることもある。

このように長い波長の電磁波で観測すると、暗黒星雲の奥深く、密度の高いところで、恒星がつくられる前の様子や、できたばかりの恒星が見えることがある。このような天体を調べると、地球も含め、我々の太陽系ができた様子も推定できるのだ。

③ 輝線星雲

天体写真の中に、赤く光る星雲が見られることがあるだろう。こういった星雲は、**輝線星雲**といわれ、紫外線を多く出す高温の星（O型星など）の近くにある。星間ガスを構成する主要な成分の水素原子に紫外線が当たると、原子核（陽子）を回っている電子が、紫外線のエネルギーによって飛ばされ、原子核と電子がバラバラになってしまう。これを電離という。電離した水素ガスは H II と呼ばれることがあり、輝線星雲は H II 領域とも呼ばれる。後に電子は再び陽子と結びつき（再結合）、このときに色々な波長の輝線が出てくる。この1つが、波長 656.3nm の光（H α 線）であり、写真には赤く写る（図表6-2）。輝線星雲を輝かせる O型星などは寿命が短いので、輝線星雲があることは、最近、星形成が起こったことを意味する。

図表 6-2 オリオン座の馬頭星雲とその周囲
© 東京大学天文学教育研究センター木曽観測所

④ 反射星雲

天体写真の中で、青白く光る星雲は、星の光を塵が散乱する**反射星雲**である。星間空間の塵は、光の波長程度の大きさであるため、波長の短い光をより効率的に散乱する。このため、元々の星の光より、散乱光は青い。この現象は、「地球の空が青い」ことと原理は同じであるが、反射星雲では、分子でなく、塵が散乱を引き起こしていることに気をつけよう。

反射星雲は、通常、輝線星雲に比べると、温度が低い星の周囲に見られる。これらの低温の星は、ガスを電離するほどの紫外線を出していないのである。

▶ **HI 雲**（エイチワン うん）

暗黒星雲（分子雲）や輝線星雲ほど密度は高くないが、忘れてはいけないものに HI 雲がある。HI 雲では、水素は、中性水素原子の状態（HI は中性水素のこと）であり、波長 21cm の電波を出す性質がある。電波はほとんど塵の影響を受けず、より遠方の HI 雲の情報を得ることが可能であるため、この電波観測から、天の川銀河には渦巻構造があることが初めて推定された。

▶ **星間ガスの成分**

星間ガスの成分は、太陽の成分に似ていて、質量で、全体の約8割弱が水素、2割あまりがヘリウム、残り（数%以下）が、より重い元素である。重い元素は、恒星でつくられたが、水素とヘリウムは、宇宙の最初につくられた。

▶ **星間ガスの温度・密度**

色々な星間ガスについて、およその温度と密度の値を下の表に示す。
おもしろいことに、温度が高い領域では密度は低い傾向がある。このため、圧力（＝密度×温度に比例する）は、密度や温度ほどは変化しない。
ちなみに、地球の空気は、$1cm^3$ あたり 10^{19} 個の分子を含むが、HI 雲では、典型的には1個である。そのため、密度は 10^{19} 倍（＝10億×10億）ほど違うことになる。

図表 6-3 プレアデス星団と反射星雲
© 東京大学天文学教育研究センター木曽観測所

図表 6-4 星間ガスの典型的な温度と密度

名称	温度（K）	密度（cm⁻³）
暗黒星雲	10～30	100～100万
冷たいHI雲	100	30
暖かいHI雲	5000～1万	0.6
輝線星雲	1万	0.3～1万
惑星状星雲	1万以上	1000～1万
銀河コロナ	10万～100万	0.004
超新星残骸	100万以上	様々（0.01～100）

参考：Draine (2011) "Physics of the interstellar and intergalactic medium" 等。
注） 銀河コロナは、太陽のコロナ（☞ p.28）のような、高温で希薄な星間ガスのことである。紫外線やX線での吸収スペクトル（☞ pp.56-57）の観測からその存在が示されている。ここで示す密度は、$1cm^3$ の空間に存在する原子または分子の数で表している（数密度とも言われる）。

惑星状星雲と超新星残骸はどこが違う

ポイント 惑星状星雲も、超新星残骸も、星の生涯の最後に形づくられる。そのため、この2つはよく混同される。しかし、この2つの星雲の性質、またつくられる過程、さらにはこれらの天体をつくる恒星の、いずれも異なる。

攻略ポイント

惑星状星雲は、どのような星からつくられたか?

▶ **星からの質量放出**

星はガスが集まってできたものであるが、逆に星からは、多かれ少なかれ、ガスが放出されている。この現象を質量放出という。恒星において、質量放出によるガスの流れを恒星風という。太陽も質量放出を行っており、太陽風といわれる。

プラスワン

ネビュリウム

惑星状星雲などのスペクトルの中に、通常の恒星や実験室では見られない輝線があり、未知の元素ネビュリウムによると考えられたこともあった (ネビュラは星雲のこと)。しかし、後に、この輝線は電離した酸素によるものであることがわかり、ネビュリウムの存在は否定された (☞ p.113 傍注)。惑星状星雲などで実験室では見られない電離した酸素による輝線が観測されるのは、星雲の密度が、地上の空気の密度よりもずっと小さい (☞ p.83 図表6-4・傍注) ためである。

1 惑星状星雲

惑星状星雲は、低倍率の望遠鏡で見ると、他の輝線星雲などと違って、多くの場合、きれいな丸い形に見え、その様子が惑星のようだということから、ウィリアム・ハーシェルによってつけられた名称である。しかし、その実態は、惑星とは全く関係がない。

惑星状星雲の写真を見ると、その中心には、星が伴われていることが多く、星雲として見えているガスは、この中心星から放出されたと考えられている。次に述べる超新星爆発とは違って、比較的穏やかに、星からガスが放出されたらしい。惑星状星雲の中心に見える星は、主系列星の頃は、太陽の質量と同程度か、大きくても太陽の8倍以下であったはずである。もし、それよりも大きな質量の星だったら、超新星爆発を起こし、惑星状星雲をつくることはなかっただろう。惑星状星雲の中心星は、赤色巨星の段階を終えた白色矮星と考えられている (☞ 5章)。

惑星状星雲の星雲部分のスペクトルには、色々な輝線が見られる。つまり輝線星雲と同じである。しかし、中心星の温度は、輝線星雲を光らせている星よりも高く、このため見える輝線の種類が異なる。

図表6-5 こと座の環状星雲M57。
惑星状星雲の1つで、小型望遠鏡でもリング状の姿を見ることができる。この写真では、中心に白く輝く中心星の存在を確認できる。© 兵庫県立大学西はりま天文台

図表 6-6 惑星状星雲は、丸いもの（前頁の図表 6-5）もあるが、長く伸びたものもある。この写真は、M 2-9 という惑星状星雲であり、中心の星から上下に対称的にガスが噴出したことを示している。
左：酸素の 2 回電離の輝線のイメージ、
中：窒素の 1 回電離の輝線のイメージ、
右：構造の模式図
（出典：Corradi et al. Astronomy & Astrophysics, 529. A43, Fig.4, 部分）。

② 超新星残骸

　星は、その質量が太陽の 8 倍以上の場合、超新星と呼ばれる爆発現象を起こす。「超新星」というが、星が新しく生まれるのでないことに注意しよう。**超新星残骸**は、超新星爆発のときに放出されたガスのことである。超新星残骸も、輝線星雲や惑星状星雲と同様に電離しているが、この電離は、紫外線によるものではなく、超新星の爆発によって放出されたガスが、周囲のガスと衝突することによって生じる。

　超新星残骸は、電波も放射する。電波は、塵の影響を受けないため、光で見える範囲よりも遠方まで見通すことができる。このため光では見えないが、電波では観測できる超新星残骸もある。

　超新星によって広がるガスの速度は、1000 km/s 以上の高速に達し、周囲の星間ガスと衝突して、10^6 K 以上の高温になる。このような高温のガスからは X 線が出されるので、X 線でも超新星残骸は観測される。

Crab Nebula
(M1,NGC1952)

Cygnus Loop

図表 6-7　（左）おうし座のかに星雲 M 1 © 東京大学天文学教育研究センター木曽観測所。（右）はくちょう座の網状星雲の X 線イメージ。疑似カラー。出典：粟野諭美『宇宙スペクトル博物館＜ X 線編＞』裳華房。

攻略ポイント

有名な超新星残骸は？それは、いつ爆発した超新星によるものなのか？

プラスワン

星間塵の起源

星間塵（固体微粒子）は、宇宙のどこでつくられるのだろうか？ 凝結しうる固体の成分を含む高温のガスが冷えて、ある程度の温度になると、ガスから微粒子が凝結してくる。赤色巨星からの質量放出や、惑星状星雲がつくられるとき、または超新星爆発の後などでは、このような状況になっており、微粒子がつくられると考えられている。つくられた微粒子は、ガスとともに星間空間に広がっていく。暗黒星雲の密度が高い領域に来ると、お互いに合体したり、別の成分（たとえば氷など）が表面を覆ったりして、大きくなるのだろう、と考えられている。

プラスワン

星間空間にあるもの

星間物質について、まとめておこう。星間空間には、ガス（星間ガス）と塵（星間塵）があり、これらをまとめて「星間物質」という。星間ガスは、暗黒星雲では分子、HI 雲では原子、輝線星雲では電離したガス、という具合に、その環境で状態が異なる。

星間塵は固体微粒子であり、その大きさは約 0.2 μm 以下である。ケイ酸塩鉱物（シリケイト）や石墨（グラファイト）などからなるといわれるが、必ずしも明らかではない。

星間物質の比較的濃い部分が宇宙でどう広がっているのかを調べると、地球の空の積雲のように、塊になっていることが多いことがわかる。そこで、この塊のことを、「星間雲」という。

6章
3節 散開星団と球状星団はどこが違う

ポイント　散開星団を望遠鏡で見ると、星と星が離れて見えるものが多いのに対し、球状星団では密集して見える、という具合に見え方がずいぶん違う。実際、散開星団の星の数は数十から数百程度であり、球状星団を構成する星の数は数万から数十万と、星の数が違う。その他にも違いがあるのだろうか？

▶ **本当に若い？若くない？**

散開星団は、1000万年ないし1億年程度の時間スケールで星間雲に遭遇し、その潮汐力で壊されてしまう。そのため、あまり若くない散開星団は存在しないはずだ。しかし、NGC 188 や M 67 など、例外的に、年齢が100億年に及ぶ古い散開星団もある。一方、大マゼラン雲には、若い球状星団もある。なぜ、このような例外的な天体があるのだろうか。この理由には、我々が知らない宇宙の秘密が隠されているのかもしれない。

プラスワン

星団は恒星進化の実験室
星団の星々は、ほぼ同時に生まれたと考えられている。しかし、それぞれの星の質量は、少しずつ違うだろう。質量が違うと、誕生後の星の進化の様子が違ってくる。この様子は、理論的な計算で再現することができる。
星団以外の星々は、生まれた時期が違うので、単純ではない。この意味では、星団は理論研究を検証するための"実験室"といえるだろう。

1 散開星団

　散開星団の星の数は、数十から数百程度である。散開星団には、次ページで紹介する球状星団と違って、高温の主系列星（O 型や B 型など）が含まれていることが多い。これらの星は、より低温の主系列星（M 型など）に比べると、寿命が短い。また、星団に含まれる星々は、1 つの星間雲から、ほぼ同時に生まれたと考えてよいだろう。そう考えると、散開星団ができてから、O 型や B 型などの星が死ぬほどの時間は経っていない、つまり比較的若い天体であると考えることができるだろう。

　散開星団が若い天体である、ということは、星団の星々のスペクトルが示す重元素量からもわかる。水素やヘリウムは、宇宙がつくられたときにできたが、より重い元素は、恒星の中の核融合反応によってつくられた（☞ 5 章）。散開星団の星の重元素量を調べると、太陽と同程度か、天体によっては、より多い場合もある。

　また、散開星団が存在するのは、天の川銀河の円盤と呼ばれる部分である。円盤部分には塵が存在し、光を遮るため、遠方の散開星団は観測しにくい。このため、天の川銀河にある散開星団の数は正確にはまだわかっていない。

図表 6-8　ペルセウス座の二重星団 h・χ。写真の左側（空では東側）が χ 星団、右側（西側）が h 星団であり、天球上で約 0.5 度離れている。いずれも散開星団である。© 県立ぐんま天文台

② 球状星団

　球状星団の星の数は、数万から数十万程度であり、文字通り、丸く見える天体である。球状星団には、散開星団と違い、通常、高温の主系列星（O型やB型など）が含まれていることはない。球状星団の星は、寿命が長い、質量が比較的小さい星によって構成されている。つまり、球状星団自体、古くからある天体なのだ。

　球状星団が、古い天体であることは、星団の星々のスペクトルからもわかる。これらのスペクトルを見ると、重い元素は、太陽と比べて、100分の1から1000分の1程度しか含まれていない（ここでは、ガス全体に対しての重元素量（質量）の比率で比べている）。球状星団は、まだ重元素が少なかった頃、つまり我々の天の川銀河ができた頃にできたのだ。

　球状星団は、天の川銀河のハローの部分（☞7章）に見られる。ハローは、天の川銀河の数十キロパーセクに及ぶ球状の領域であり、円盤部分よりも大きい。天の川銀河の円盤部と比べると、ハローでは、星間物質は少なく、現在では星形成は起こっていない。ハローには塵がほとんどないので、散開星団よりも観測しやすい。このため、球状星団の大部分が観測されていると考えられ、その数は、約150である。球状星団がハローに見られることは、かつてはハローでも星形成が起こったことを意味している。このため、球状星団を調べることによって、天の川銀河がどのようにつくられたかを知ることができる。

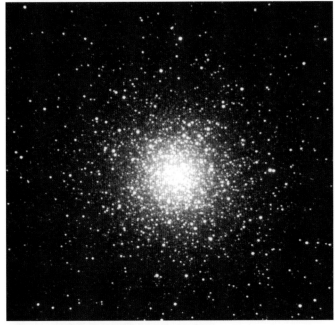

図表6-9　球状星団 M3 ⓒ兵庫県立大学西はりま天文台

図表6-10　星団の典型的な物理量

	大きさ [パーセク]	星の数	年齢 [年]	重元素量
散開星団	1〜10	$10〜10^2$	$10^7〜10^9$	太陽程度
球状星団	1〜10	$10^4〜10^6$	10^{10} より大	太陽の$10^{-3}〜10^{-2}$

● **星団の空間分布**

下の2つの図は、それぞれ散開星団と球状星団の天球での分布を示す（モルワイデ図法で世界地図のように展開している）。これら2種の星団の天球上の分布は、明らかに異なる。

上：散開星団の分布。図の中心は天の川銀河の中心の方向であり、天の川は図の中心を通る水平線に沿う（ただし天の川は描かれていない）。散開星団の多くは、水平線、つまり天の川に沿って分布している。ここに示された散開星団の距離は、数キロパーセク以下であり、球状星団に比べると近い。

（データ：Dias W.S., Alessi B.S., Moitinho A. and Lepine J.R.D., 2002, A&A 389, 871.）

下：球状星団の分布。球状星団の分布の中心は、天の川銀河の中心に一致する。球状星団の距離は、数キロパーセクから数十キロパーセクにも及ぶ。つまり球状星団は、円盤部分に存在する散開星団（上図）よりも、はるかに大きな領域に分布する。球状星団の空間分布から、ハロー・シャプレーは、天の川銀河の中心は太陽系ではないことを、20世紀前半に初めて示した。

（データ：Harris, W.E. 1996, AJ, 112, 1487）

4節 銀河の回転が意味するダークマター

> **ポイント**
> 銀河の回転は、何を意味するのだろうか？ 回転から得られる情報を考えてみよう。銀河の回転は、星や星間物質の量から推定される速度よりも速い。このことは、星や星間物質以外にも、何か重力を及ぼしているもの（ダークマター）があることを意味している。

鳴門の渦潮。渦巻銀河と似ているようではあるが……。

渦巻銀河M51（NGC5194,下）と棒渦巻銀河NGC5195（上）は連なっており、子持ち銀河と呼ばれる。りょうけん座にある。©国立天文台

天の川銀河の回転曲線（実線）と太陽系の惑星の公転速度（破線）。横軸は距離（天の川銀河はキロパーセク、太陽系は天文単位）、縦軸は回転速度（km/s）。ただし、惑星の公転速度は10倍の値にしている。

① 銀河の回転と渦状構造

渦巻銀河（☞7章）の様子（左中の図）は、海の渦（左上の図）とよく似ている。回転しているのなら、渦を巻いていることは当然なことのように思えるが、話は単純ではない。

銀河で、星が1周する周期は、およそ数千万年から数億年程度である。銀河は誕生して130億年以上経っていると考えると、今までに、数十周以上も回転していることになる。また銀河中心からの距離によって、星が1周にかかる時間は異なり、このような回転を差動回転という。銀河が数十周回転していて、さらに差動回転を考えると、銀河の腕は、硬く巻き込んでいるはずだが、実際の銀河は、ふわりと巻いているものも多い（☞7章）。つまり、普通の渦では銀河の渦巻きは説明できない。この問題を「巻き込みの困難」という。実際には、銀河の中で何らかの仕組みが働き、巻き込みの困難は起こっていないはずである。諸説はあるが、有力な説では、銀河の腕は、"波"（密度波や衝撃波）であると説明されている。波は物質（星や星間ガス）を移動するので、必ずしも巻き込まれてしまうことはない。

② 銀河の回転曲線

さらに銀河の回転の様子を詳しく調べよう。銀河の中で、星や星雲がどんな速さで回転しているのかは、大望遠鏡と分光器を用いてスペクトルを撮影し、調べることができる。スペクトルから得られた回転速度を縦軸に、銀河中心からの距離を横軸にとって得られた曲線を、回転曲線（図表6-12）という。

面白いことに、回転曲線は、銀河中心あたりでは、距離とともに増加するが、ある程度、銀河中心から離れると、ほぼ、一定の値をとるようになる。これは大変不思議な現象である。比較の例として、太陽系の場合を考えてみよう。ほとんどすべての質量が太陽にあり、太陽系内の天体の運動を支配している。そのため、太陽から遠いほど太陽の重力が弱くなり、惑星などの公転速度は遅くなっている（左下の図）。

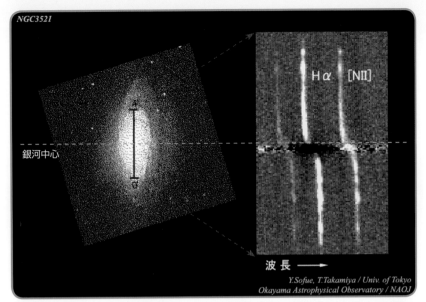

NGC3521

Hα　[NII]

銀河中心

波　長 ⟶

Y.Sofue, T.Takamiya / Univ. of Tokyo
Okayama Astrophysical Observatory / NAOJ

図表 6-11　銀河のスペクトル。銀河の長軸にスリットを当てる（左）と、長軸に沿ったスペクトルが得られる（右）。銀河中心より下では、輝線の波長が長い方にずれているので、遠ざかっていることがわかる。同様に、銀河中心より上では、輝線の波長が短い方にずれているので、近づいていることがわかる。出典：粟野諭美『宇宙スペクトル博物館＜可視光線編＞』裳華房。

プラスワン

重力の法則の修正？
回転曲線を説明するには、普通はダークマターを考える。しかし別の可能性を考える天文学者もいる。ニュートンが発見した重力の法則は、重力は距離の2乗に反比例する、というものだった。しかし、この法則が銀河のスケールで成り立つという保証はない。銀河のスケールでは、この法則が少し変わってくるのだろうと考えると、ダークマターを考えなくても回転曲線が説明できるそうである。しかし、この修正を積極的に支持する事実は今のところ、見当たらず、大多数の天文学者はこの説に同意していない。

天の川銀河の場合、必ずしも銀河中心の1点に質量が集中しているわけではないが、それでもかなりの質量が銀河中心近くにある。そのため、太陽系と同様、より中心から離れている場所では、回転速度は遅くなるはずだ。しかし、実際にはそうなっていない。これはどういうことだろうか？

通常の説明では、光や電波では見えないが重力を及ぼす物質（**ダークマター／暗黒物質**と呼ぶ）が、銀河（特にハローの部分）に存在する、と仮定する。そうならば、遠くの天体も、より大きな重力を受けて、結果的に速い速度で回っていることが説明できる（別の説もある。☞ p.89 プラスワン）。しかしながら、ダークマターは何なのか、まだ明確にはわかっていない。

プラスワン

天の川銀河の中心付近を通過した天体
赤外線の観測で、G2と呼ばれる天体が、天の川銀河中心にある いて座 A*（☞ p.90 コラム）に向かっていく楕円軌道を運動していることがわかり（2012年）、G2は2013年夏頃に いて座 A*に最接近した（p.90下図）。当初、G2はガスの塊と考えられ、最接近時にはガスの塊は崩壊して降着円盤（☞ 用語集）がつくられてX線などで明るく輝くだろうと予測された。しかし、その後の観測で、G2は いて座 A*への再接近後も存在していることが確認された。またX線などで明るく輝いたという観測もされていない。当初の推測と違って、G2はガスの塊ではなく、ガスをまとった星であったのかもしれない。天の川銀河の中心部には、まだ未解明の天体や現象が多そうである。

図表 6-12　（左）天の川銀河の回転曲線を示す。オレンジ色の線は、観測された天の川銀河の回転曲線（Sofue 2012, PASJ 64,75）である。青い点曲線は、銀河中心から8.5キロパーセク以上離れた領域には質量がない場合に予測される回転曲線を示す。赤い点線も同様であるが、0.5キロパーセク以遠の領域に質量がないことを仮定している。2つの点線は、どちらも暗黒物質がないと仮定した場合に相当する。（右）ある半径（天の川銀河中心からの距離）よりも内側にある質量。

▶ 天の川銀河の中心付近
の電波源

天の川銀河中心を電波で観測すると、いくつかの電波源が見られ、いて座 A、B、C、D などの名前がつけられている。これらをさらに調べると、細かい構造があることがわかる。いて座 A にも内部構造があり、いて座 A*は、その構造の一部分である。

■ プラスワン

可視光では見えない天の川銀河の中心

ガスや塵の密度は、場所によって大きく変わり、特に天の川銀河の中心の方向は、大きい。銀河中心からの光は、約 30 等級の減光を受けると見積もられている。銀河中心付近には、星間物質が多いのだ。

天の川銀河の中心からの可視光は、実際には全く見ることができないが、代わりに、電波、赤外線、X 線、ガンマ線などにより、天の川銀河中心付近の様々な現象が研究されている。

■ プラスワン

2020 年のノーベル物理学賞

ブラックホール研究に対して贈られた。理論研究を進展させたロジャー・ペンローズ、天の川銀河の中心のブラックホールの観測研究に貢献したラインハルト・ゲンツェルとアンドレア・ゲズの 3 名である。ゲンツェルとゲズはそれぞれの観測チームを率いて、長年にわたり、いて座 A*の近くの星の運動を研究した。ちなみに、本文で使用した図は、ゲンツェルたちのグループによる論文から引用している。

▶▶▶ 天の川銀河の中心に潜むモンスター

コラム

　天の川銀河の中心には、いて座 A*（エースター）と呼ばれる電波源が見つかっている。この天体は、見かけの大きさが 0.001 秒角以下と極めて小さい。その名称からわかるように、いて座の方向にあるが、塵の影響で可視光では見えない。しかし、赤外線では塵の影響は小さくなり、電波では影響がないので観測できる。

　いて座 A*から数千天文単位の距離にある星の運動の様子（下図）が、VLT の 8m 望遠鏡を用い、波長 2.2 μm の赤外線で詳しく調べられた。ブラックホール本体は直接見ることはできないが、これらの星の運動から、いて座 A*は、太陽質量の $(3.6 \pm 0.3) \times 10^6$ 倍の巨大ブラックホールであることが明らかにされた。巨大望遠鏡の威力は恐るべしである。

　銀河によっては、膨大なエネルギーが放出されている活動銀河核があったりする（活動銀河核と比べると、天の川銀河の中心の活動はおとなしいものである）。銀河の中心には、天の川銀河と同様に、巨大なブラックホールがあるのが普通らしい。活動銀河核の現象は、銀河の中心に潜む巨大なモンスター、つまりブラックホールによって引き起こされているのだ。

いて座 A*の近くの星の運動。横軸と縦軸の 0.1 秒角が、850 天文単位に相当する
（出典：Eisenhauer et al 2005, ApJ 628, 246）。

天の川銀河の中心の巨大ブラックホール（×印）の近くを通過する、天体 G2 と恒星 S2(左は 2006 年 2 月、右は 2008 年 2 月）。G2 は、2013 年から 2014 年にかけて、天の川銀河の中心から光の速度で 20 時間の所を通過した（出典：Pfuhl＋2015, ApJ 798, 111）。

Question 1

惑星状星雲について、正しくないものはどれか。

1. 星雲のガスは電離している
2. 星雲の中心にガスを放出した星がある
3. 望遠鏡で見ると惑星のように見える場合がある
4. 黄道にのみ存在する

Question 2

暗黒星雲にミリ波やサブミリ波を受信できる電波望遠鏡を向けると、何が観測できるか？

1. 分子が発する電波
2. 重力波
3. 分子が散乱する光
4. 塵が散乱する光

Question 3

天の川銀河に、星間塵がない（つまり暗黒星雲がない）とすると、肉眼で天の川はどのように見えるだろうか？

1. 今と変わらない
2. いて座の方向の天の川が特に明るく見える
3. 空のどの方向にも天の川が見える
4. 空に天の川は見えなくなる

Question 4

星間ガスの温度の正しい組み合わせはどれか。

1. HI雲　10K
2. 暗黒星雲　100K
3. 銀河コロナ 1000K
4. 輝線星雲　1万K

Question 5

宇宙背景放射について、間違っているのは次のうちのどれか。

1. 宇宙がビッグバンによって誕生したことの証拠となった
2. 宇宙の晴れ上がりの時代の放射である
3. 1964年にアーノ・ペンジアスとロバート・ウッドロウ・ウィルソンによって偶然発見された
4. 宇宙背景放射は、1K以上の大きな不均一がある

Question 6

太陽のような恒星や地球のような惑星は、どのような星雲で誕生するか。

1. HI雲
2. 暗黒星雲
3. 惑星状星雲
4. 反射星雲

Question 7

下の図は天球上でのある天体の分布を表したものである。それは次のうちどれか。
図はモルワイデ図法で世界地図のように展開している。中心は天の川銀河の中心の方向で、楕円の長径は天の川に沿った方向にある。

1. 球状星団
2. 散開星団
3. クェーサー
4. 銀河

Question 8

天の川銀河の中心部について、正しく述べていないものはどれか。

1. 巨大ブラックホールがある
2. 地球からは可視光で直接見ることができない
3. 周辺には星や星間物質が多い
4. 天の川銀河内のすべての天体の運動は、天の川銀河の中心部の重力で決まる。

Question 9

天の川銀河の星団について説明した次の文のうち、間違っているのはどれか。

1. 散開星団は球状星団と比べて、含まれる星の数が少ない
2. 散開星団は球状星団と比べて、含まれる星の年齢が若い
3. 散開星団は球状星団と比べて、褐色矮星や系外惑星が見つかっていない
4. 散開星団は球状星団と比べて、天の川銀河の円盤部分に分布するものが多い

Question 10

散開星団にはO型やB型の主系列星が含まれていることが多い、それはなぜか。

1. 散開星団は最近できたものが多いから
2. 散開星団が天の川銀河内を運動している最中にO型やB型の星を取り込むから
3. O型やB型の星だけの星団ができて、後で他の型の星が取り込まれたから
4. いまのところ解明されていない

Answer 1

❹ 黄道にのみ存在する

惑星状星雲は、太陽系の惑星とは関係ない。もちろん、黄道上のみにあるわけではない。

Answer 2

❶ 分子が発する電波

暗黒星雲は、主成分が水素分子（H_2）のガスと塵でできているが、水素分子以外にも色々な分子を含む。電波望遠鏡ではこれらの分子からの輝線が観測されるので、暗黒星雲を分子雲ともいう（暗黒星雲の名称は、遠方の星の可視光を隠すことに由来する）。分子雲も暗黒星雲も、実態は密度が高い星間雲である。なお星間塵の温度は約20K程度であり、遠赤外線やサブミリ波ではその温度に対応する熱放射が観測される（p.81 下図 参照）。

Answer 3

❷ いて座の方向の天の川が特に明るく見える

天の川銀河中心は、いて座の方向にある。天の川銀河中心の方向は、星も多いが、ガスや塵も多いため、可視光では見通すことができない。このため、仮に塵がなくなったとすると、銀河中心まで見通すことができるようになり、いて座の方向の天の川は、今よりも明るく輝いて見えるだろう。

Answer 4

❹ 輝線星雲　1万K

暗黒星雲は 10〜20K、HⅠ雲はもう少し温度が高く約100K〜1万、銀河コロナは 10万K〜100万Kにもなる。

Answer 5

❹ 宇宙背景放射は、1K以上の大きな不均一がある

宇宙背景放射は、アメリカのベル電話研究所のアーノ・ペンジアスとロバート・ウッドロウ・ウィルソンによって雑音電波の調査中に偶然発見された。これは宇宙の晴れ上がりの時期の光である。この発見はビッグバン理論の証拠となり、対立していた定常宇宙論などは衰退していった。宇宙背景放射は 10^{-5} 程度の温度の微小なゆらぎが観測されているが、ほぼ均一である。

Answer 6

❷ 暗黒星雲

暗黒星雲は分子雲とも呼ばれる。星は暗黒星雲の特に密度の高い分子雲コアで誕生する。

Answer 7

❷ 散開星団

散開星団の多くは天の川に沿って分布する。球状星団の分布の中心は、天の川銀河の中心と一致し、その分布は球状の広範囲に及ぶ。

Answer 8

❹ 天の川銀河内のすべての天体の運動は、天の川銀河の中心部の重力で決まる。

天の川銀河の中心部のブラックホールは太陽質量の約 10^6 倍であるが、天の川銀河全体の質量は、太陽質量の 10^{12} 倍程度であり、そのかなりの部分は暗黒物質であると推定される。このため、特に天の川銀河の外側の天体の運動は暗黒物質の重力の影響が大きい。

Answer 9

❸ 散開星団は球状星団と比べて、褐色矮星や系外惑星が見つかっていない

天の川銀河の球状星団と散開星団については、分布や恒星数の規模、年齢で明確に区別がつけられる。つまり、散開星団は、ほぼ天の川銀河の円盤部に分布するが、球状星団は円盤の上下にも分布している。恒星数では球状星団の方が大規模である。年齢も球状星団が平均的に大きい。形状については、散開星団のなかにも球状のものがあるので、単純な見かけだけでは区別できない場合がある。散開星団、例えば、プレアデス星団やヒアデス星団中には、褐色矮星や系外惑星は見つかっている。

Answer 10

❶ 散開星団は最近できたものが多いから

星団は暗黒星雲の濃い場所で、いっせいに生まれた星の集団である。誕生の際に、様々スペクトル型の主系列星が含まれる。ただしO型やB型の主系列星は、5章で学んだように短命であり、ほどなく主系列から外れてしまう。それがまだあるということは、散開星団のほとんどは若いということに他ならない。ちなみに、プレアデス星団には、B型の主系列星はあるが、O型の主系列星はない。より短命なB型星は、すでに主系列から外れてしまっているのである。

★ おまけコラム ★

球状星団はなぜ丸い

　もし星団をつくる星々が平均的にある方向に回っていたら、つまり星団全体が自転していれば、遠心力で平たくなりそうだが、そうはなっていない。このことは、球状星団は全体としてはほとんど自転していないことを意味する。

　星団ができたときには、回転をしていてもおかしくはないだろうから、何らかの働きによって、今は回転しなくなったと考えられる。星団の中の星々は、基本的には楕円軌道を描いて運動する（ケプラー運動）。しかし、時々は別の星に近づき、重力の影響で、星団から放り出されることもあるだろう。このとき、回転成分（角運動量）もこの星とともに逃げ、星団全体の回転は遅くなる。これが積み重なり、回転はより遅く、形はより丸くなったのだろう。

7章

銀河の世界

銀河は宇宙に均一には存在していない。銀河がほとんど存在しないボイド（空洞）が、まるで石鹸の泡のように接しており、銀河はその泡の膜面上に集中して存在する。これを宇宙の大規模構造という（☞7章2節）。図は大規模構造の想像図。図中の明るい点の1つ1つが銀河を表す。

©SPL/PPS通信社

ダークマターをとらえる

　宇宙には目に見えない闇の存在がある。質量および
エネルギーの総量の約27%を占めるダークマターと、
約68%を占めるダークエネルギーだ。我々人類が知っ
ている（と思っている）身近な物質は、残りの約5%
でしかない！

　ダークマターの正体はよくわかっていない。通常の物
質とはほとんど相互作用しないある種の素粒子ではない
かと推測されていたが、新しいモデルも提案されつつあ
る。ダークマターの探査は、ダークマターが通常の物質
と相互作用する反応を観測する「直接探査」、宇宙でダー
クマター同士が対消滅する際に発生する宇宙線を観測す
る「間接探査」、通常の物質同士を加速器の中で衝突さ
せてダークマターを生成する「加速器実験」の3種類の
方法が実施されている。いずれの方法でもダークマター
は未だに検出されていないが、その発見と性質の解明を
目指し、現在も様々な研究が進行中である。

©SPL/PPS通信社

電磁波を出さないため目に見えないダークマターではあるが、質量
をもつ。約50万個の銀河の形態のゆがみから、そこにあると推測
されるダークマターの質量分布をとらえ、さらに、すばる望遠鏡で
その銀河までの距離を測ることでダークマターの3次元的な空間
分布が明らかになった。画像上では、左が近くの宇宙を、右奥へ行
くほど遠くの宇宙を表す。
下画像は、銀河の分布（左）とダークマターの分布（右）を表す。ダー
クマターが大規模構造（☞7章2節）を有しており、銀河は、その
大規模構造の中に分布していることがわかった。©SPL/PPS通信
社

国際宇宙ステーションの日本実験
棟「きぼう」船外に設置された高エ
ネルギー電子・ガンマ線観測装置
CALETを用い、ダークマター同士
が対消滅した痕跡の可能性が指摘
されている電子過剰問題を探って
いる。写真の赤丸で囲んだ装置が
「きぼう」船外実験プラットフォー
ムに取り付けられているCALET。
©JAXA/NASA

ダークマター直接検出実験
XENONnT。イタリアの地下実
験施設における第2世代ダーク
マター直接検出実験XENONnT
では、硝酸ガドリニウムを注入
した水チェレンコフ検出器を用
いて、ダークマターの信号と区
別できない信号の原因となる中
性子を捕獲して除去する際、スー
パー・カミオカンデのために開
発された日本の技術が使われて
いる。写真はアップグレード前
のXENON1T。

続々見つかる重力波

　2015年9月14日に史上初の重力波が検出された（GW150914と命名）。その観測データから、太陽質量の約35倍と約30倍のブラックホール同士が合体し、太陽質量の約62倍のブラックホールが生成され、太陽質量の約3倍のエネルギーが重力波に変換されたということがわかった。アメリカにあるレーザー干渉計重力波天文台（LIGO）では、50例*もの重力波イベントを検出している。そのうち2つの中性子星からなる中性子星連星同士の合体では、ガンマ線衛星「フェルミ」「インテグラル」もそのイベントによるガンマ線増光を検出。すばる望遠鏡など他の地上望遠鏡でもサポート観測が行われ、イベントが発生した天体の位置が明らかにされた。また、ブラックホールと中性子星からなる連星の合体に伴う重力波も検出された。2020年からは日本の重力波望遠鏡KAGRAも稼働し、感度を上げる調整が続いている。今後は重力波天文学がますます盛り上がっていくだろう（*検出例は2019年10月1日までの「突発的重力波カタログ2（GWTC-2）」より）。

2つのブラックホールからなる連星がある

互いに引き付け合いながら公転している

衝突の瞬間、最も強い重力波が主に上下方向に出る

重力波が伝わっていく

ブラックホール合体のシミュレーション。2つのブラックホールが公転しており、（上2つの図）、それらが衝突した瞬間（3つ目の図）に最も強い重力波が放出される。

上図4点は動画 https://www.black-holes.org/gw150914/ より
©SXS Collaboration/Canadian Institute for Theoretical Astrophysics/SciNet

　重力波の観測だけでは、重力波の発生源の天体を決定することはできない。しかし重力波と電磁波（可視光はもちろんガンマ線、X線から電波まで）などの観測を総合的に用いる（マルチメッセンジャー天文学という）と、重力波源の天体を決定し、金などの重元素の起源やガンマ線バーストの生成機構などに対して多くの情報を得ることができる。

LIGOで初検出された重力波（GW150914）の信号の波形データ。グラフの横軸が時間（秒）、縦軸は信号の強さを表す。グラフ（上）がハンフォード、（中）がリビングストンで検出された信号、（下）は横軸を7ミリ秒ずらして2カ所のデータを重ねたもの。©Caltech/MIT/LIGO Lab

1節 銀河の形態

> **ポイント**
>
> 銀河は、形や大きさが色々である。我々の住む銀河＝天の川銀河は、渦巻銀河で、大型の銀河である。形としては、他に楕円銀河、不規則銀河などがある。大きさの小さな銀河は、矮小銀河と呼ばれる。宇宙には、まさに多種多様な銀河が存在しているのである。

▶ 楕円銀河 ☞ 用語集

▶ 渦巻銀河 ☞ 用語集

▶ **銀河の中身**
銀河には星以外にも、主に水素でできた希薄な気体成分（星間ガス）と固体の微粒子（星間塵）を含む星雲があり、さらに星間空間には、様々な電磁波放射や粒子（宇宙線 ☞ p.132 傍注）が飛び回っている。また、銀河の中心核には超巨大ブラックホールがあり、そのまわりに降着円盤の系が発達している場合がある。加えて、重力を及ぼすが見えない正体不明の物質、ダークマター（暗黒物質）も大量に存在して、重力としてのまとまりを支配しているのではと考えられている。

プラスワン

小宇宙・島宇宙
銀河は、かつては小宇宙、あるいは島宇宙と呼ばれたこともあった。美しい名前ではないか。

▶ 降着円盤 ☞ 用語集

1 色々な銀河

　銀河を分類する際、注目する点は形と大きさである。まずは形から。図表7-1 は**楕円銀河**で、球形状の銀河である。図表7-2 は楕円銀河と違って円盤状の構造をもった銀河である。その円盤に渦巻状の濃淡が目立って見えるので、**渦巻銀河**と呼ばれている。渦巻銀河中央部にはバルジと呼ばれる部分があり、

図表7-1　おとめ座にある楕円銀河、M 49（DSS）

図表7-2　うお座にある渦巻銀河、M 74（DSS）

図表7-3　しし座にある棒渦巻銀河、M 95（DSS）

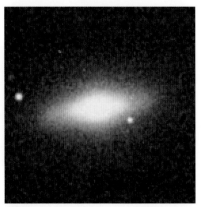

図表7-4　かみのけ座にあるレンズ状銀河、NGC 4251（DSS）

円盤部よりは小さい球形状の構造である。図表7-3は、**棒渦巻銀河**と呼ばれるもので、バルジが棒状になっているものである。図表7-4は**レンズ状銀河**で、楕円銀河と渦巻銀河の中間形のものである。レンズ状銀河は円盤部をもっている。図表7-4は、その円盤部を横から見ている。円盤部があまり発達していないというのも、よくわかる。

次に大きさに移ろう。図表7-5には、有名な**アンドロメダ銀河**が写っている。その上下に、小さな銀河が2つ見えている。この銀河はアンドロメダ銀河の衛星銀河（伴銀河）であり、天の川銀河からの距離がアンドロメダ銀河と同じであることがわかっている。ということは、遠方にあるから小さく見えているのではなく、とても小さな銀河であるということである。このような小さな銀河のことを**矮小銀河**と呼んでいる。矮小銀河の反対語は特にないが、ここでは大型の銀河と表記しておこう。天の川銀河は、アンドロメダ銀河と同規模の大型の銀河である。天の川銀河の周りを回っている、**大マゼラン雲・小マゼラン雲**という名の銀河も矮小銀河である（☞図表7-6）。整った形に見えないので、**矮小不規則銀河**という型のものである。矮小銀河のうち図表

図表7-5 アンドロメダ銀河の雄姿。アンドロメダ銀河の衛星銀河も2つ見えていることに注意（DSS-Wide）。上がNGC 205、下がM 32。

図表7-6 南天の天の川と、その下に見える大マゼラン雲（上側矢印）と小マゼラン雲（下側矢印）。天の川を至近距離から見た大型銀河として見てみよう。衛星銀河2つが近くにいるアンドロメダ銀河（図表7-5）とそっくりに見える。
©Mitsunori Tsumura

7-5は楕円銀河のように丸く見えるので**矮小楕円銀河**という型のものである。大マゼラン雲は、矮小銀河と言えるほど小型ではないとする見方もある。

不規則銀河は銀河のサイズが小さいから不規則形状になる場合（つまり、矮小不規則銀河）だけでなく、銀河どうしの接近や衝突で不規則銀河になる場合もある（☞図表7-7）。なお、銀河は小さくても楕円形という場合もあるので、矮小であれば不規則形状になると決まっているわけではない。

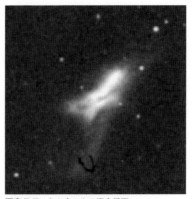

図表7-7 うお座にある衝突銀河、NGC 520（DSS）

プラスワン

M 110とM 0

明るい銀河にはメシエ番号がついている。フランスのメシエが18世紀に著したカタログ記載の天体で、そこには銀河だけでなく、星雲・星団も含まれている。アンドロメダ銀河はM 31。その伴銀河はM 32（図表7-5の下）とM 110（図表7-5の上）。しかしメシエ番号として正式に発行されたものはM 109までで、NGC 205という銀河に与えられたM 110は非公認番号。ここまでくると、天の川銀河にもM 0というメシエ番号を、と言い出した人がいるらしい。この名称は広がりを見せていないが、Milky Wayの略称MWは広く使われている。結果としてMから始まる記号になっている。

プラスワン

NGC/IC番号

メシエ番号がつくほどではないが、比較的明るく見える銀河にはNGCあるいはIC番号がついている（☞p.71プラスワン）。

プラスワン

天の川銀河は、棒つき？

アンドロメダ銀河と、天の川銀河は、双子のように同じような渦巻銀河だと説明される場合も多いが、最近の赤外線の観測から、そうではないことが判ってきた。天の川銀河のバルジと呼ばれる中心付近（膨らんだ部分）の、赤外線観測から、バルジは細長い形をしていることが推定されている。これは、棒渦巻銀河の特徴である。広い意味で渦巻銀河であるという認識に変わりないが、棒渦巻銀河であるという新しい認識へと変わっている。

7章

銀河の世界

プラスワン

銀河の形態を表す記号

記号にはいくつかの流派がある。渦巻銀河であることを示す記号はS。その後に続けて棒構造を示す記号としてBを添えるのは一般的。BではなくAという記号は、棒構造をもたないという意味で使う以外に、銀河円盤内にガスが少ないことを意味する「貧血」の銀河として使う場合がある。棒構造が見えるが強くないものは、AとBの中間ということでABという記号で示すことがあるが、Xの一文字で示すこともある。この場合、SABcとSXcは同じ形態を表現しており、弱い棒構造が見える、かなりバルジが小さい渦巻銀河という意味である。

▶ **エドウィン・パウエル・ハッブル**
（1889 ～ 1953）

アメリカの天文学者。銀河の中のセファイド型変光星の観測研究により、銀河の距離決定を行い、分光観測結果の赤方偏移（ドップラー効果）と合わせて、↗

② 銀河形態のハッブルの分類

　天の川銀河やアンドロメダ銀河のような大型の銀河は、互いに接近したり衝突したりしないかぎり、楕円銀河や渦巻銀河といった形態をとっている。エドウィン・パウエル・ハッブルは、これら銀河の形態を図表7-8のようにまとめた。左側に球形状の形態のもの、右側に円盤状の形態のものを配置している。円盤構造中央部のバルジが球形的か棒状的かで、棒構造なしの渦巻銀河か棒渦巻銀河かの2系列に分かれる。棒構造があってもなくても、バルジより円盤構造が優勢になるほど図の右側に配置される。レンズ状銀河は、円盤構造をもつがバルジがよく発達しており、円盤上に渦巻構造が見えないものを指している。なお、渦巻銀河など円盤部をもつ銀河は、ハローと呼ばれる球形状領域ももっている。

　楕円銀河にはEという記号があてられ、長軸－短軸比によって、見かけが真円の0から最も扁平な7までの数値が添えられる。渦巻銀河にはSという記号があてられ、バルジが棒状であればBという記号が加わる。それに対して棒構造をもたないものに、Aという記号を加える場合もある。図7-8では、この流儀に従い、さらにバルジ-円盤部の優劣を見て、そこへ小文字のアルファベットを添えた。もともとはaからcまでをあてていたが、その後の研究で、dやm（不規則形状的）という添え字が使われる場合もある。レンズ状銀河はS0（エス・ゼロ）という記号があてられる。ここでもバルジが棒状になっていれば、Sの後ろにBという文字が加わる。天の川銀河はSAbとSBbの中間的形態（SABb）ではないかと考えられている（☞ p.97 プラスワン 天の川銀河は、棒つき？）。

図表 7-8　ハッブルの音叉型分類 （写真は DSS より）

遠方の銀河が距離に比例する後退速度で遠ざかっており（ハッブル-ルメートルの法則）、宇宙が膨張していることを発見した。また、銀河の分類（ハッブル分類）でも知られている。

▶ クェーサー ☞用語集

▶ セイファート銀河
　　☞用語集

活動銀河

　銀河中心核部分が異様に明るい銀河が存在する。何か特別な活動によるものと考えられており、これらを**活動銀河核（AGN）**と呼ぶ。また、活動銀河核をもつ銀河を含め、銀河で激しい星形成があるなど、注目すべき活動が見えるものを、**活動銀河**と称する。

　活動銀河核では、非常に狭い領域で活発な星形成が起こっているか、モンスターと呼ばれる**超巨大ブラックホール**を宿す系があるのだろうと考えられている（図表7-9）。超巨大ブラックホールは天の川銀河の中心核にも存在し、この研究に、2020年のノーベル物理学賞が与えられた。

　超巨大ブラックホールは、すぐ近くの星や星雲を引き寄せ、粉砕し、その材料から、超高速で回転する降着円盤と呼ばれる円盤を形成することがある。降着円盤からは、強い電磁波放射、強いジェット流が発生する。ある程度大きな銀河では、降着円盤を伴った系が中心核にあると考えられる。降着円盤は、時にやせ細り、結果として活動性が低下するようである。超巨大ブラックホールがどのようにして生まれたのか、謎が多い。大質量星が死んで恒星質量程度のブラックホールができることや銀河中心部に超巨大ブラックホールがあることはわかっている。問題は、どうやって恒星質量程度のブラックホールから超巨大ブラックホールに成長したかである。

　これらの活動性が桁違いに強いものは、銀河の形成期に見られ、**クェーサー**と呼ばれている。おそらく、超巨大ブラックホールの急成長中の姿の1つではないかと思われる。活動性はクェーサーよりはるかに低いが類似の活動銀河核をもつ**セイファート銀河**は、天の川銀河の近傍の銀河でもよく見られる。

7章
銀河の世界

図表 7-9　活動銀河のモデル

図表 7-10　セイファート銀河の代表例、NGC1068（M 77）。この光学写真（可視光で撮った写真）では、ごく普通の渦巻銀河に見えるが、中心核に、電波、遠赤外線、X線で強く輝くモンスター（超巨大ブラックホール（超大質量ブラックホール）と降着円盤からなる系）が潜んでいる。光学写真といえども分光観測を行えば、強い輝線が見えるなど、モンスターの兆候をつかむことができる。輝線は本来、特定の波長のみで光るはずだが、輝線を放つ領域が、内部で種々の速度をもち、しかも、その速度が非常に高速であると、輝線は広がって観測される。狭い領域で高速回転する天体を示唆しており、銀河中心に潜む巨大ブラックホールがあると考える根拠となる。
©NASA, ESA & A. van der Hoevens

2節 銀河群と銀河団

ポイント 銀河は宇宙の中にまんべんなく分布しているのではなく、群れている。規模の小さいものは銀河群、規模の大きいものは銀河団と呼ばれている。さらに、銀河群や銀河団は互いに群れていることもわかっている。それは、超銀河団という系として知られている。宇宙は、このような群れのネットワークで覆われている。

▶ 局部銀河群

天の川銀河（MW）、アンドロメダ銀河（M 31）、さんかく座の渦巻銀河（M 33）を含む、数十の銀河の群れ。広がりはさしわたし 400 万光年くらいだが、境界ははっきりしたものではない。最初に紹介した 3 銀河は大型の渦巻銀河だが、それ以外はすべて矮小銀河である。なお、このうち最大の大マゼラン雲は、矮小銀河と呼ぶには大きな銀河である。宇宙には、いかに矮小銀河が多いかわかるだろう。これら矮小銀河には、矮小不規則銀河と矮小楕円銀河がある。局部銀河群には、大型の楕円銀河が見当たらない。それらは、もっと大規模な群れである銀河団中によく見られる。

▶ 矮小銀河

図表 7-12 は、局部銀河群に多数存在する矮小銀河の例である。局部銀河群のメンバーは宇宙の中では近傍にあるため、大マゼラン雲や小マゼラン雲のように、見かけ上、大きな天体として見えているものがある。

1 局部銀河群

　銀河は群がっている。天の川銀河は、**局部銀河群**という銀河の群れの中にいる。メンバー銀河を写真で紹介しよう（図表 7-11、7-12）。

図表 7-11（左） さんかく座の渦巻銀河、M 33（DSS）。アンドロメダ銀河、天の川銀河に次ぐ、大きな銀河。局部銀河群には、大型銀河が 3 つしかない。

図表 7-12（右） いて座の矮小不規則銀河、NGC 6822（DSS）。銀河そのものが大変小さく淡く、銀河の中の星形成領域である星雲（矢印）の方が目立っている。局部銀河群には、このような矮小銀河がたくさんある。

2 銀河群と銀河団

　局部銀河群の外側に、よその**銀河群**がたくさんある（図表 7-13、7-14）。

　もっと多数の銀河が寄り集まったものは**銀河団**と呼ばれる。一番近傍にある銀河団は、**おとめ座銀河団**である（図表 7-15）。銀河群、銀河団では、大型銀河よりも矮小銀河がメンバーとして多数を占めている。もっともこれら

図表 7-13（左） おおぐま座にある、M 81、M 82 を中心とした銀河群（DSS-wide）。

図表 7-14（右） しし座にある、M 65、M 66 を中心とした銀河群。銀河どうしの力学的相互作用で形態が乱され、不規則形状気味になっていることがわかる（DSS-wide）。

は写真にうつりにくく、図表7-13、14、15では大型銀河が目立っている。

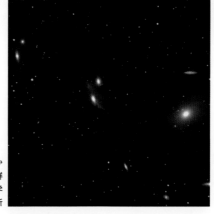

図表7-15 おとめ座の北の端、かみのけ座との境界近くの銀河の群れ、おとめ座銀河団。©東京大学天文学教育研究センター木曽観測所

③ 超銀河団と宇宙の大規模構造

銀河群や銀河団も、群れあっている。これらは**超銀河団**という構造をつくり上げている。超銀河団の尺度まで大きく見ていくと、超銀河団どうしはもう群れてはいないが、互いに神経繊維状につながりあって分布しているように見える。図表7-16は、そのような様子を示したものである。このような超銀河団や銀河団・銀河群による、網の目構造的な銀河の空間分布を、**宇宙の大規模構造**と呼んでいる。

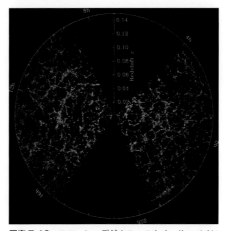

図表7-16 スローン・デジタル・スカイ・サーベイによる、宇宙の大規模構造を示す銀河分布図。点1つが銀河1つ。扇の要のところに天の川銀河がある。円周には、赤経の値が、時（h）単位で記されている。半径方向は天の川銀河（円の中央）からの距離を表していて、円周のところで約20億光年になる。©Sloan Digital Sky Survey

▶ 銀河団と超銀河団

おとめ座銀河団は、M 87といった、局部銀河群では見当たらない大型の楕円銀河・レンズ状銀河を多数含み、矮小銀河まで数え上げるとメンバー銀河数は数千あるとみられている。おとめ座銀河団の中心までの距離は約6000万光年、そのさしわたしは約1000万光年と見積もられている。おとめ座銀河団を中心とし、局部銀河群を含めていくつかの銀河群を携え、全体として半径6000万光年、厚み1000万光年の扁平な構造体は、局部超銀河団（あるいは、おとめ座超銀河団）と呼ばれている。ところでおとめ座銀河団は、銀河団としてはこれでも小規模なものとされている。近傍にある大規模銀河団の典型は、かみのけ座銀河団である。その中心までの距離は約3億光年、そのさしわたしは約2000万光年と見積もられている。かみのけ座銀河団にも、大型の楕円銀河・レンズ状銀河が多数ある。

7章 銀河の世界

銀河の名前	1位	2位	3位	4位	5位	6位	7位	8位	9位	10位
銀河の名前	アンドロメダ銀河	天の川銀河	M 33	大マゼラン雲	小マゼラン雲	NGC 205	M 32	NGC 3109	IC 10	NGC 6822
距離（万光年）	230	–	280	16	20	270	250	430	220	160
Bバンド光度	670	320	60	20	6	5	4	3	3	2
直径（万光年）	12	10	5	3	2	1.5	0.7	2	0.9	0.9

図表7-17 局部銀河群にある明るい銀河ベストテン。光度はBバンド（青色の波長帯域）でみて太陽光度の何倍かという値であり、その値を数倍すると、銀河に含まれる星の総質量（太陽質量単位）にだいたい相当する（銀河のスペクトルによって、この係数は変わる）。さらに、その値を数倍すると、銀河に含まれる星の総個数にだいたい相当する。距離や特に直径については不確かさが大きい（出典：『活きている銀河たち』、一部改変）。

種別	構成銀河数	さしわたし	代表例
銀河群	数個〜数十個 （明るい銀河に限ると数個以内）	100万〜数百万光年	局部銀河群、M 81銀河群、M 66銀河群
銀河団	数百〜数千個 （明るい銀河に限ると数十〜数百個）	約1000万光年	おとめ座銀河団、かみのけ座銀河団
超銀河団	複数の銀河群、銀河団を含む	約1億光年	局部超銀河団（おとめ座銀河団を中心に局部銀河群を含む）、かみのけ座超銀河団（かみのけ座銀河団を中心に）

図表7-18 典型的な銀河群、銀河団、超銀河団のサイズ。構成銀河数は、矮小銀河も含めたおよその数。

宇宙の膨張

ポイント 宇宙が膨張しているということはよく聞かれる。どのような観測事実からそういえるのだろうか。またこの膨張は一定なのだろうか。ここではハッブル‐ルメートルの法則と、宇宙の加速膨張を扱う。

● ドップラー効果と後退速度

光は波動の性質をもっている。発せられた場所と受け取った場所の間に相対運動がある場合、発した時と受け取った時で、光の波長が違ってくる。これを光のドップラー効果と呼ぶ。銀河から発せられた光は、本来の波長とずれて観測される。一般には波長が伸びて観測される。これをドップラー効果によるものと解釈すれば、観測者から見て銀河は視線方向の運動をもっていると見える。その速度を後退速度と呼ぶ。もっとも、日常的空間で見るような、物の爆発的飛び散りと、宇宙空間の膨張はまったく違う物理現象である。宇宙空間の膨張に乗る天体どうしが、互いに相対速度をもっているとなぞらえて考えているのである。

1 ハッブル‐ルメートルの法則

　銀河は、そのほとんどが天の川銀河から遠ざかるように見えている。天の川銀河からの距離を r とし、遠ざかるように見えるその速度（後退速度）を v とすると、v と r は比例の関係 $v = Hr$ にあることが知られている。これは**ハッブル‐ルメートルの法則**と呼ばれている（☞図表7-19）。観測結果を用いてこれを最初に示したのは、ジョルジュ・ルメートルと銀河形態の研究で活

図表 7-19　ハッブル‐ルメートルの法則を示した図（ヒューマソンによるものを一部改変）。

躍したエドウィン・パウエル・ハッブルである。長らくハッブルの法則と称されてきたが、フランスの宇宙論研究者ルメートルの功績も大きいと再評価され、2018年の国際天文学連合（IAU）総会での議論を経て、ハッブル-ルメートルの法則と呼ぼうと推奨されることになった。

　図表7-19の右列は銀河の撮像写真で、見かけの明るさや大きさから、距離が見積もられている。図の中央列には銀河のスペクトル写真が示され、ここに2本の吸収線がはっきり見える。これは一階電離したカルシウムがつくる吸収線である。この2本の吸収線が本来の波長と違った波長で観測され、それをドップラー効果によるものと解釈すれば後退速度が計算できる。銀河のスペクトルの上下にある縞模様は写真上の位置と波長の関係を決めるために焼き込んだ、比較のためのスペクトル線である。

　ハッブル-ルメートルの法則の式の比例係数 H は、ハッブルの頭文字からとられていて、**ハッブル定数**と呼ばれる。この値は最近の研究から、100万パーセク離れあった時の後退速度が約 70 km/s になると見積もられている。ハッブル-ルメートルの法則は、宇宙空間の膨張として解釈されている（図表7-21）。

図表7-20　ハッブル-ルメートルの法則（$v = Hr$）を表すグラフ。図表7-19にある、銀河までの距離と、その銀河の後退速度をグラフにしたもの。原点を通る比例の直線で表せる。この直線の関係こそハッブル-ルメートルの法則である。

図表7-21　お互い離れあっていると、宇宙のどこから見ても、自分を中心に周りの天体が距離に比例して遠ざかることが観測できる（☞ p.103 プラスワン）。

② 宇宙の膨張の時間変化

　宇宙空間の膨張は時間変化すると考えられている。空間の中が真空でなく、物質やエネルギーがあれば、その分布の様子によって空間の曲がり方や広がり方も決められてくるという性質がある。宇宙空間は銀河などの天体に満ちているから、物質がたくさんある。それらは重力で引き合うだろう。だから宇宙空間は膨張しているとしても、減速がかかると考えられてきた。実際、宇宙の歴史の中で、膨張が減速した時期があったようである。しかし最近の観測によると、現在、宇宙の膨張は減速から転じて加速しているようである。

プラスワン

我々は宇宙の中心？
ハッブル-ルメートルの法則を、「我々が宇宙の中心にいて、周囲にある銀河が四方八方に飛び去るように運動している」と解釈することは可能だ。しかし、これでは天動説的宇宙観になってしまう。宇宙空間全体が均等的に膨張し、どこにいても観測者中心に周囲の銀河が飛び去っていくように見えると考えれば、我々は特別な場所にいないという、コペルニクス的転回を経た宇宙観を持ち続けることができる。

▶ **パーセク**☞用語集

▶ **宇宙の加速膨張**
近傍から遠方までの多数の銀河の後退速度を測定し、銀河の存在数や宇宙空間の曲がり具合を考慮して解釈した結果、時間とともに、どのように膨張の度合い（ハッブル定数）が変化してきたかを表せる。下図は、宇宙が減速膨張から加速膨張に転じたことを、誇張して示したもの。ビッグバンから宇宙（時間と空間）が始まる。この曲線の各場所での傾きが、その時点でのハッブル定数である。

A：宇宙空間に存在する銀河などの物質どうしの重力によって、膨張に減速がかかっていた。
B：現在から50億年くらい前から膨張が加速してきた。原因は不明だが、正体不明のダークエネルギーが関与しているのではないかという説がある。

7章 4節 宇宙の進化

ポイント 宇宙はある時に始まり、劇的に姿を変えて今に至っている。その過程で我々は生まれた。それらを概観しよう。ここではビッグバンの後、最初に光り出した天体は何か、そして個々の天体に加え、天体の群れの成長について扱う。

▶ **ゆらぎ** ☞用語集

▶ **インフレーション** ☞用語集

▶ **宇宙の晴れ上がり**
ビッグバン後、多数の粒子が生成されたなか、正の電荷をもった水素やヘリウムの原子核と、負の電荷をもった電子が飛び回っていた。電磁波である光は、高密度の荷電粒子ガスの中では、粒子に吸収と再放出を繰り返し、平衡な状態であった。宇宙の膨張が進み、温度が低下すると、正と負の電荷が対になり、電気的に中性の水素原子やヘリウム原子となった。荷電粒子の高密度ガスが消え、光は長距離を直進できるようになった。急に霧が晴れ、遠方まで見通せるようになったかのようなこの現象を、宇宙の晴れ上がりと呼ぶ。

▶ **ダークマター（暗黒物質）**
通常物質に対して重力を及ぼすが、直接は電磁波を発しない正体不明の物質。宇宙全体の中で、質量として通常物質の５倍程度あるとされる。ダークマター自身を含め、物質を重力で引きとめ、天体形成に大きな作用をする（☞１章１節傍注）。

① 宇宙の始まり

宇宙の始まりについては、何らかの確率的なゆらぎから、偶然的に時間・空間をもつものとして発生したと考えられている。さらに、それが何らかの原因で、指数関数的な急膨張を起こしたと推察される。これは、**インフレーション**と呼ばれる現象で、宇宙が始まってから極めてわずかの時間の間に起こったとされる。その結果、生まれたての宇宙は、高温・高密度の火の玉状態へと姿を移した。この原始的火の玉がさらに膨脹していき、現在の宇宙になったと考えられている。この宇宙開闢時の過程を**ビックバン**と呼んでいる。ビッグバンの後、様々な粒子が誕生し、膨張の中、3分後までに水素とヘリウムの原子核を生み出したとみられ、これが宇宙に大量の水素とヘリウムがある原因と考えられている。より重い原子核は、星の輝きの中で、宇宙の生い立ちとともにじっくり合成されていく。やがて原子核と電子は結合し、電気的に中性の原子となった。これが**宇宙の晴れ上がり**という

図表 7-22 ゆらぎから偶然のように生成し、その後、膨張して宇宙の時間と空間が誕生したというビッグバンのモデル

図表 7-23 水素とヘリウムのガスが自己重力で収縮していき、やがて宇宙は星の光で満ちていくようになる。

104

現象を生むことにもなった。宇宙が始まって、およそ38万年後のことである。

② 初代の星

　まだ素性がよくわからない**ダークマター**という物質であれ、水素といったなじみの物質であれ、宇宙は最初、物質がほぼ均等に分布していた。しかし、ごくわずかにその分布に濃淡があった。物質は重力で引き合うため、わずかに濃いところはさらに濃くなっていく。局所的に高密度となった物質の塊はいずれ星となる。ビッグバンの後、この初代の星が輝くまでは、**宇宙の暗黒時代**とも呼ばれている。暗黒という語を使っているが、星や銀河の誕生を準備している時期ともいえる。宇宙の暗黒時代は水素が電離せず、原子核は電子と結合した状態にあったとされているが、星が輝き始めると、強い紫外線がまわりの水素ガスを電離させていったとされている。**宇宙の再電離**と呼ばれる現象である。宇宙空間では、膨張により、すでに粒子の数密度がかなり低くなってきているので、原子核と電子が支配する空間となっても、宇宙の晴れ上がりの前のように、光が宇宙空間を長距離、自由に直進できなくなるということはない。なお、初代の星は、ごくわずかのリチウムとベリリウムを除けば水素とヘリウムでできた天体である。このような状態では、現在私たちが見ている星よりずっと大質量の星で、結果として、ずっと巨大でずっと高温の星だろうと推測されている。水素、ヘリウムより重い原子核の重元素を含んでいれば、それらの重元素は冷却材のように働いて星を冷えさえ、自己重力で塊を作りやすくさせるが、そういった重元素がなければ、大きな質量がつくる大きな自己重力で自分自身をまとめるしかないからである。

③ 銀河の登場と宇宙の大規模構造の形成

　宇宙では、天体の系の形成は小さなものから大きなものへと進んでいったと考えられている。初代の星形成は、矮小銀河を形作るものとなっただろう。それら矮小銀河が衝突・合体して、大型の銀河も生まれたのだと考えられている。天の川銀河も大型の銀河であり、現在もいくつかの矮小銀河を合体させようとしていることが、実際に観測されている。銀河群や銀河団、そして宇宙の大規模構造も、銀河の形成と並行して、だんだん発達してきたと考えられている。これらは宇宙の膨張の中で起こっている。天体自身は重力で引きあっているので、宇宙の膨張によって天体自身がばらばらになることはない。全く正体不明であるが、宇宙空間には**ダークエネルギー**が満ちていて、空間を加速膨張させる斥力の効果をもっていると推測されている。加速膨張がこのまま続けば、天体の群れもいずれ引き裂かれるかもしれない。

プラスワン

▶ 宇宙の再電離 ☞用語集

大型銀河の形成

小さな銀河が衝突・合体して大きな銀河になり、同時に銀河中心部で超巨大ブラックホールが成長しつつ周りの星の系の成長に影響を与え、これらが総合して、図表7-8に見られるような様々な形態のものになったのではないか、と考えられている。銀河の群れ自体も成長してきていて、その群れの中という環境も、銀河形態の決定に影響を与えたと考えられている。

▶ ダークエネルギー

ビッグバンによる膨張では、宇宙に存在する物質の重力によって、宇宙の膨張速度は少しずつ減少する（減速膨張と呼ばれる）。ところが、銀河の後退速度の非常に精密な測定によって、50億年ほど前からは宇宙の膨張速度が増加していることが判明した（加速膨張と呼ぶ）。この原因は不明であるが、膨張速度を加速するためには、重力とは反対の性質をもった何かが必要で、その何かに対して、ダークエネルギーという名前が付けられた。宇宙初期のインフレーションもダークエネルギーあるいは関連するものが働いたと考えることもできるが、この点もまだまだ謎である。

7章

銀河の世界

図表 7-24 銀河が形成される

星団が次々と生まれ、もととなった巨大ガス体は銀河として姿をあらわしてくる

大きな銀河への成長

小さな銀河の合体

▶ 地球誕生の時期

地球のような岩石質の天体は、水素、ヘリウム以外の、天文学でいうところの重元素の塊といえよう。となれば、このような天体は、宇宙空間に重元素が豊富に用意された後でないと出現しない。初代の星（恒星）が輝き始めた頃は、重元素がないはずである。したがって、その頃は岩石質の惑星が存在しようがない。星の生成と超新星爆発、それによる星間ガスへの重元素供給というものが、何世代も重ねられてきて、十分重元素が増えた後になって、ようやく岩石質の惑星が存在するようになる。そういった星間ガスから生まれようとする恒星のまわりの原始惑星系円盤には、水素やヘリウムを主成分とするガスはもちろんだが、塵もたくさん含まれるようになっているはずだ。塵は固体微粒子のことであり、炭素質、ケイ素質、氷質のものからできている。微量ながら金属も含まれているだろう。これからが合体成長していき、その固体成分を主としたままの天体が、岩石質の惑星である。地球は恒星ではないが、何世代もの恒星の生死を重ねた際の産物からできているのである。星が死んで地球になった、星が死んで生物になった、ともいえよう。

▶▶▶ 銀河の衝突

　図表 7-7 は銀河の衝突の現場の例である。実は銀河はよく衝突する。一方、星の衝突はめったに起こらない。この違いは、天体間の距離と天体自身の大きさとの比による。星どうしはとても離れており、それに比べれば星自身の大きさは非常に小さい。たとえば太陽から隣の恒星までの距離は 40 兆 km を超えているが、太陽の直径は 140 万 km 足らずにすぎない。まさに桁違いである。銀河の世界は事情が違っている。天の川銀河の周りを考えてみよう。同じ規模の銀河としてのお隣さんはアンドロメダ銀河で、230 万光年先と見積もられている。天の川銀河の円盤部の直径 10 万光年と比して 1 桁の違いにしかならない。大マゼラン雲までの距離は 16 万光年と見積もられており、桁で違うこともなくなってくる。それどころか天の川銀河には、衝突・合体中の矮小銀河がいくつか見つかっている。天の川銀河は現在も周囲の矮小銀河を吸収して成長を続けているのである。

　天の川銀河のような大型銀河が矮小銀河を吸収しても、大型銀河の側はたいして形が乱れない。しかし、規模の似た銀河どうしが衝突すると、互いに大きく形を歪めあう。その例が図表 7-7 である。他の例を以下に示した（写真は DSS より）。

からす座にある、NGC 4038（上側）と NGC 4039（下側）。　　かみのけ座にある、NGC 4676（両者あわせて）。

　ところで、銀河は星の集合体だから、銀河がよく衝突して星があまり衝突しない、というのは納得がいかないという読者もいるだろう。こう考えてみよう。生け花で使う剣山を思い出してほしい。剣山全体が銀河、針の先端部分が星と考えてみよう。剣山 2 つを、針の先端どうしを衝突させようとぶつけるとどうなるだろうか。よほどのことがないかぎり、針の山どうしはぶつからない。しかし剣山の針は互いの中に滑り込んでいく。銀河は衝突しても、銀河の中の星どうしは、そう簡単には衝突しないだろう。

Question 1

次の写真の銀河のタイプとして適当なものを選べ。

NGC3031 ©NASA

1. 楕円銀河
2. 矮小銀河
3. 渦巻銀河
4. 不規則銀河

Question 2

銀河形態の音叉型分類を考えたのは誰か。

1. ヒッパルコス
2. ヨハネス・ケプラー
3. エドウィン・パウエル・ハッブル
4. アルベルト・アインシュタイン

Question 3

局部銀河群に属するメシエ番号の付いている銀河は、次のうちどれか。

1. M31
2. M81
3. M66
4. M87

Question 4

以下の中で、活動銀河核と最も関連の深いものはどれか。

1. クェーサー
2. ダークマター
3. ダークエネルギー
4. ハロー

Question 5

ハッブル定数を100万パーセクあたり毎秒70kmとして、宇宙の年齢を推定せよ。ただし簡単のために宇宙の膨張速度は一定とし、宇宙の始まりはそれを逆算して宇宙が1点に集まっていたときとする。また、1年の長さは3×10^7秒、100万パーセクは3×10^{19}kmとする。

1. 127億年
2. 132億年
3. 137億年
4. 143億年

Question 6

銀河の衝突は、星どうしの衝突より頻繁に起こっている。それはなぜか。

1. 銀河の移動スピードが星の速度より速いため
2. 天体どうしの距離に対する天体の大きさが、銀河の場合のほうが大きいため
3. 星どうしが接近すると、衝突せずに必ず連星を形成するため
4. 銀河のほうが観測しやすく、見かけ上そう見えるため

Question 7

天の川銀河から同一方向にそれぞれ距離D、$2D$だけ離れている銀河A、Bのスペクトルを観測したところ、下図のような同一元素による同じ吸収線が観測されたとする。この場合、銀河Aから天の川銀河および銀河Bのスペクトルを観測すると、どのようなスペクトルが得られると予想されるか。

Question 8

以下の中で、バルジに比べて円盤部が最もよく発達している銀河の型を示す記号は次のうちどれか。

1. SA0
2. SB0
3. SAc
4. SBa

Question 9

局部銀河群に関して正しいのはどれか。

1. 天の川銀河、アンドロメダ銀河を含むおよそ数百の銀河の集まりである
2. ほとんどが矮小銀河で、大型の銀河は天の川銀河、M 31、M 81のみである
3. 大型の楕円銀河は1つも含まれていない
4. 周辺にも銀河群や銀河団があるが、局部銀河群は孤立している

Question 10

ダークマターの説明として適切なものを次の文から選べ。

1. 星が形成される領域に存在し、背景の星の光を遮るので大量に存在する領域は暗く見える
2. 詳細は不明だが、重力と反対の斥力の源となり宇宙膨張に影響を与えると考えられている
3. 電磁波では観測できないが、重力は働くので星や銀河の分布に影響を与える
4. ビッグバンの後、初期の星の誕生までの、星が存在しなかった暗黒的な時期のことである

解答・解説はウラ

Answer 1　■■■■

③ 渦巻銀河

おおぐま座にある NGC3031（M81）の写真であり、発達した円盤部が見えることから渦巻銀河と判断できる。

Answer 2　■■■■

③ エドウィン・パウエル・ハッブル

1926 年にハッブルによって提唱された。楕円銀河、レンズ状銀河、渦巻銀河、棒渦巻銀河、どれにも当てはまらない不規則銀河に大別される。

Answer 3　■■■■

① M31

図表 7-18 に典型的な銀河群の例として、局部銀河群以外に M81 銀河群（おおぐま座）、M66 銀河群（しし座）が挙げられているので、M81 と M66 は局部銀河群以外とわかる。M87（おとめ座）は、おとめ座銀河団の中心にある巨大楕円銀河である（7 章 2 節のコラム：銀河団と超銀河団参照）。

Answer 4　■■■■

① クェーサー

ダークマターはまだよくわかっていない重力を及ぼす未知の物質。ダークエネルギーは、空間を引き伸ばそうとする力を及ぼし得る未知のエネルギー。ハローは、銀河各々において、銀河を全体的に包み込む領域のこと。クェーサーは、銀河形成や成長の初期にあった活動銀河核のうち、特に活動の大きかったものと考えられる。

Answer 5　■■■■

④ 143 億年

この条件では 100 万パーセクを 70km で割った秒数が、宇宙の年齢（それだけの時間をかけて膨張してきた）となる。単位をそろえると、$(3 \times 10^{19} / 70 \times 3 \times 10^7)$ $= 10^{12} / 70 \sim 0.143 \times 10^{11}$ 年＝ 143 億年となる。実際は、宇宙の膨張速度は一定ではなく、ここでは簡略的な式を使った。しかし、宇宙年齢のよい目安を与える。

Answer 6　■■■■

② 天体どうしの距離に対する天体の大きさが、銀河の場合のほうが大きいため

星の衝突はめったに起こらないが、銀河はよく衝突する。この違いは、天体間の距離と天体自身の大きさとの比による。例えば、太陽から隣の恒星（アルファ・ケンタウリ）までは 40 兆 km 離れているが、太陽の直径は 140 万 km で桁違いである。一方で、天の川銀河の近くの銀河はアンドロメダ銀河で 230 万光年であるのに対し、天の川銀河の直径は 10 万光年ほどなので 1 桁しか違わない。

Answer 7　■■■■

④

銀河 A から観測すると、銀河 A は自分自身に対して静止しているので、吸収線の位置は、天の川銀河から観測した天の川銀河のスペクトルと同じ位置になる。また、銀河 A から見ると天の川銀河と銀河 B は同じ距離だけ離れているので、ハッブル - ルメートルの法則より後退速度は同じとなる。したがって、天の川銀河と銀河 B の吸収線のズレは同じになる。この 2 条件にあてはまるのは ④ 。

Answer 8　■■■■

③ SAc

バルジより円盤部が発達している銀河は渦巻銀河で、S という記号があてられる。さらに、バルジに棒構造が見られないのが SA、見られるのが SB としており、その中で、バルジが小さくなるにつれ、そして円盤部の発達が見られるにつれ、a、b、c と添えて分類される。S0 は、円盤部はあるが渦巻構造が見えないレンズ状銀河。

Answer 9　■■■■

③ 大型の楕円銀河は 1 つも含まれていない

局部銀河群は数十ほどの銀河の群れで、大型の銀河として、天の川銀河、アンドロメダ銀河（M 31）、さんかく座の渦巻き銀河（M 33）を含んでいる。大型の楕円銀河は含まれておらず、あとは小型の銀河で構成されている。広がりはさしわたし 400 万光年くらいだが、境界ははっきりしていない。② の文書では、M 81 という局部銀河群のメンバーでない銀河が入ってしまっている。

Answer 10　■■■■

③ 電磁波では観測できないが、重力は働くので星や銀河の分布に影響を与える

① は暗黒星雲の説明。② はダークエネルギーの説明。④ は宇宙の暗黒時代の説明。

8章

天文学の歴史

天の赤道上を一様の速さで運動する仮想の太陽（平均太陽）と、実際の太陽（真太陽）の位置の差を時間に換算したものを均時差という。同じ場所で同時刻（平均太陽時）に太陽を観測すると、太陽は均時差のために1年間かけて8の字型の軌跡を描いて移動するように見える。これをアナレンマという。
©Science Source/PPS通信社

暦と天文学

　暦は、人間が生活する上で欠かすことのできない重要なものである。古代の人々は太陽や月の周期的な変化を基に、以下のような時間の基本単位を定めた。

- 日の出〜（次の）日の出：1日（太陽日）
- 新月〜（次の）新月：1月（朔望月、29.53日）
- 太陽が黄道上の同じ位置に戻ってくるまで：1年（太陽年、365.24日）

　新月から新月までの期間、1カ月（朔望月29.53日）を12回繰り返すと354.36日となり、1年（太陽年365.24日）との差は約10日となる。1カ月と1年の周期を上手く組み合わせて、より便利なものにすることはできないだろうか？という考えを基につくられたのが太陰太陽暦である。

紀元前433年	メトン（ギリシャ）による暦。 1太陽年を12カ月とし、19太陽年間に、12カ月の年を12回、13カ月の閏年を7回置く。 （中国では「章法」という同様の方法が用いられていた）
紀元前330年	カリポス（ギリシャ）による暦。 1太陽年を12カ月とし、76年間（メトン周期の4倍）に、28回の閏月を置く。
紀元前2世紀頃	ヒッパルコス（ギリシャ）による暦。 1太陽年を12カ月とし、304年間に112回の閏月を置く。
紀元前46年	ユリウス・カエサルによる暦（ユリウス暦☞用語集）。 1太陽年を12カ月とし、4年間に1回、閏日を設ける。また、閏月を廃止した。 現行の暦の原点となるものである。
1582年	グレゴリウス13世による暦（グレゴリオ暦☞用語集）。 1太陽年を12カ月とし、4年間に1回、閏日を設ける。ただし、100で割り切れる西暦年は平年とするが、400で割り切れる年は閏年とする（例：西暦2100年は平年になるが、2400年は閏年になる）。 現行の暦。

グレゴリオ13世 ©Bridgeman Images/PPS通信社

ユリウス・カエサル ©UIG/PPS通信社

天文学と安倍晴明

日本では7世紀に、律令制の下に設立された陰陽寮において、暦の作成や時刻の測定、吉凶や禍福の占い、天文・気象の観測などが行われてきた。陰陽寮の陰陽師として最も有名な人物が安倍晴明（921～1005）である。晴明は、陰陽頭賀茂忠行、保憲親子から陰陽道や天文道（天変占星術）を伝授され、後に陰陽寮の天文博士を務めた。村上、冷泉、円融、花山、一条と、歴代の天皇につかえ、天文現象に関する解釈を密封して天皇に奏上する天文密奏や陰陽道に基づく呪術などで活躍したことが歴史書や説話集に残されている。晴明はまた、数多くの伝説に彩られた謎の人物でもあり、日本各地に様々な伝承が残されている。後に安倍家は晴明の子孫、有宣の代から土御門を名乗るようになり、陰陽寮が廃止される明治初頭まで陰陽道の宗家として君臨した。

晴明神社は安倍晴明の屋敷の跡地とされる京都一条堀川にある。小説や漫画、映画などの陰陽師ブームもあり、現在の晴明神社は幅広い年齢層の人たちが訪れる人気のパワースポットとなっている。最近では、晴明神社の赤い五芒星のお守りを貼り付けた自動車を見かけることも多くなった。

復元渾天儀（天体の位置測定に用い、暦の計算に用いられた）での観測再現

平安後期の歴史物語『大鏡』には、花山天皇が藤原兼家、道兼親子の策謀によって、花山山の麓の元慶寺（花山寺）で出家させられる、という高等学校の古文の授業でも扱われる有名な話がある。道兼に促されて退位を決意した天皇は月夜の晩に御所を出発し、元慶寺へと向かった。途中、天皇一行が晴明の屋敷の前を通りかかると、「みかどおりさせ給ふとみゆる天變ありつるかすてになりけりと見ゆるかな」（天皇の退位を示すと占われる天変があったが、もうすでに退位が実現してしまったと見えるぞ）と話す晴明の声が聞こえてきた。晴明は天皇の退位を示す天文現象が現れたことを内裏へ報告しようとしたが、天皇はすでに退位してしまった後で間に合わなかった、というのである。晴明が観測した天文現象としては、犯と呼ばれる歳星（木星）と氐宿の距星（てんびん座α星）との接近や昴（M45プレアデス星団）が月に隠されるすばる食といった説がある。また、花山天皇の退位後、晴明が官位を上げていることから、彼も兼家らの策謀に何らかの形で関わっていたのではないかと疑う研究者もいる。なお、晴明の屋敷の跡地に建てられた晴明神社は現在の御所より西側にあるが、当時の御所より東側に位置している。現在、花山山の山頂には京都大学の花山天文台がある。

現在の御所

安倍晴明宅

平安宮

鴨川

花山天文台

桂川

京都駅

花山寺（元慶寺）

8章

1節 天文学と物理学の競演

ポイント プトレマイオスが地球中心説を集大成して以降、古代・中世の天文学は幾何学とともに歩んできたが、17世紀に太陽中心説が確立されてからは、天体の運動を研究する天体力学として発展した。19世紀半ばに入り、写真術と分光学を取り入れた天文学は、天体の物理的な状態を研究する天体物理学へと大きく変身を遂げた。

▶ **太陽中心説の確証**

地球の公転運動によって、すべての恒星は長半径 a = 約 20″ の楕円軌道を描く。これを年周光行差という。年周光行差は 1728 年にジェームズ・ブラッドリーとサミュエル・モリノーによって発見された。この発見によって、コペルニクスの『天球回転論』（1543 年）が発表されてから、おおよそ 180 年の時を経て、地球が運動するという太陽中心説が実証されることになった。

年周視差 ＝ 0.314秒角
遠方の星に対して小楕円を描く
はくちょう座 61番星
太陽
地球
地球公転軌道半径

フリードリッヒ・ヴィルヘルム・ベッセルは 1838 年にはくちょう座 61 番星の位置を測定し、見かけの位置が約 0.3″ 変化する年周視差を検出した。これは地球が太陽の周りを公転していることを示す直接の証拠であり、年周光行差と同様、太陽中心説の確証となった。

① 天体力学の発展

アイザック・ニュートン（1642 ～ 1727）は 1665 年～ 1667 年に円運動の研究に取り組み、遠心力とケプラーの第 3 法則とを組み合わせて、地球と月の間に距離の 2 乗に反比例する力（万有引力）が作用することを導いた。その後、1680 年頃から再び力学の研究に取り組み、万有引力によってケプラーの第 1、2 法則が成り立つことを証明した。1687 年に出版された『プリンキピア』は、アリストテレス以来の運動学を打ち破る力学的運動学を確立する金字塔となった。

万有引力は離れた物体の間に働く遠隔作用を前提としていたため、ヨーロッパ大陸諸国の数学者たちは法則に対して懐疑的であった。しかし、18 世紀中頃になると大陸諸国でも万有引力の法則は理解され、ジョゼフ＝ルイ・ラグランジュやピエール＝シモン・ラプラスといったフランスの天文学者や数学者によって、ニュートン力学に基づく天体力学が形成されることになった。

② 小惑星ケレスの発見

太陽－地球間の距離を 10 としたとき、惑星の距離は $r = 4 + 3 \times 2^n$（水星は $n = -\infty$、金星は $n = 0$、地球以遠の惑星は $n = 1,2,3\cdots$）で表される。これをティティウス・ボーデの法則という。この式に従うと、火星は $n = 2$、木星は $n = 4$ となるため、$n = 3$ に相当する未知の惑星が存在するのではないか、と考えられるようになった。

探索の結果、1801 年 1 月 1 日にイタリアのパレルモ天文台のジュゼッペ・ピアッツィが小惑星ケレス（現在は準惑星に分類）を発見した。以降、パラス、ジュノー、ベスタの四大小惑星をはじめ、続々と小惑星が発見され、特に 20 世紀の小惑星探索はアマチュア天文家の独壇場であった。現在は大規模自動探査観測の導入により総数 25 万個を超える小惑星が発見・登録されている。

③ 海王星の発見

1781 年、ウィリアム・ハーシェルは天王星を発見した（☞ 3 級テキスト 7 章 4 節）。その 40 年後、蓄積された観測データを基に推算された天王星の位置と、実際に観測される位置との間にはずれが生じるようになっていた。この原因は天王星の軌道の外側にある未知の惑星の引力によって、天王星の軌道が乱されるためである、と考えたユルバン・ルヴェリエは、未知の惑星の軌道要素を求め、1846 年 9 月 18 日に予報位置をベルリン天文台に報告した。同天文台のヨハン・ゴットフリート・ガレは 9 月 23 日に予報位置の 1°以内に海王星を発見した。また、ジョン・クーチ・アダムスは 1845 年に、ルヴェリエとは独立に未知の惑星の軌道要素を求めていたことから先取権論争が生じたが、最終的に二人で発見の栄誉を分かち合うことになった。理論的予測に基づく海王星の発見は、ニュートン力学の勝利を示す決定的出来事となった。

④ 写真の発明

19 世紀前半、ジョセフ・ニセフォール・ニエプス、ルイ・ジャック・マンデ・ダゲールらによって銀板写真術が完成されると、それは直ちに天文学にも応用された。光を蓄積できる写真術は、望遠鏡で観測できる天体よりもさらに暗い天体の観測をも可能にした。また、恒星の位置測定においても、望遠鏡を用いた眼視観測とは比較にならないほどの精度の向上をもたらした。

⑤ 分光学の応用

19 世紀後半に入ると、プリズムを用いて物質が放射、または吸収する光のスペクトルを解析する分光学が発達した。ヨゼフ・フォン・フラウンホーファーは太陽のスペクトルを観測し、その中に吸収線（フラウンホーファー線）を発見した（☞ 4 章 3 節）。分光学と写真術を組み合わせることで、それまで不可能とされてきた天体の構成元素や温度などの情報を得ることが可能となり、天体の物理的な性質を研究する天体物理学が誕生した。

⑥ 膨張宇宙の発見

20 世紀に入ると大型望遠鏡が建設され、天文学者は遠くの銀河に目を向けるようになった。エドウィン・パウエル・ハッブルは 100 インチ反射望遠鏡を用いて、アンドロメダ銀河（M 31）中のセファイド型変光星を観測し、その距離が約 100 万光年（現在の値は 230 万光年）であることを確認した。これによりアンドロメダ銀河が、天の川銀河と同等の規模をもつ銀河であり、宇宙には数多くの系外銀河が存在していることが明らかになった。さらにハッブルは、系外銀河のスペクトル中の吸収線が、系外銀河の運動によるドップラー効果（☞ 7 章 3 節）のために本来の波長からずれていると考え、ずれの大きさから遠方の系外銀河ほど高速度で我々から遠ざかっていることを発見した（ハッブル - ルメートルの法則）。これは膨張宇宙論の観測的根拠となった。

▶ **宇宙元素？**

天体の分光観測ができるようになると、スペクトル中に、地上の物質が発する輝線とは異なる特徴をもつものが見つかるようになった。そして、太陽コロナ中に見つかった輝線を発する物質にはコロニウム、星雲中に見つかった輝線を発する物質にはネビュリウム、というように輝線を発するものにちなむ名称が付けられた。1928 年、アイラ・ボーエンは、これらは酸素や窒素のイオンが希薄なガスの状態で発する輝線であることを確認した。

オリオン星雲 ©NASA,ESA,M. Robberto（Space Telescope Science Institute/ESA）and the Hubble Space Telescope Orion Treasury Team

▶ **セファイド型変光星**

セファイド型変光星は、星自体の大きさが周期的に変化する脈動変光星の 1 つであり、ケフェウス座 δ 星がその代表である。変光周期が長い星ほど、絶対等級が明るいという周期－光度関係が知られており、見かけの等級と周期からその変光星の距離を推定することができる。

図表 8-1 銀河の距離と速度の関係

8章

2節 天文博士と考古天文学

ポイント 陰陽寮で行なわれてきた「天文道」では、天空に現れた異変を記録し、異変の意味を解釈して、天皇に奏上することが重要な仕事であった。そのため、日本の正史や貴族の日記の中には、日食や月食、超新星などの現象が記録されている。それらの記録から過去の宇宙の情報を引き出して研究する考古天文学が発展してきた。

▶ **古代のハレー彗星**

『史記』秦始皇本紀には「七年、彗星先出＿東方＿、見＿北方＿、五月見＿西方＿」と記されている。この記述は軌道計算から BC240 年5月のハレー彗星の観測記録であることが確かめられている。

ハレー彗星 1986 年 3 月 9 日

▶ **天の岩戸伝説**

素戔嗚尊の乱行を恐れた天照大神が洞窟に隠れ、高天原は暗闇に包まれたという天の岩戸伝説は実際に起こった皆既日食を基につくられたものである、という説がある。最初にこの説を唱えたのは江戸時代の儒学者 荻生徂徠である。高天原の場所や、天照大神が隠れた年代をいつと考えるのかによって候補となる皆既日食が絞られる。谷川清隆、相馬充は、「『天の磐戸』日食候補について」『国立天文台報』第 13 巻（2010 年）において、伝説の候補として、53 年 3 月 9 日と 158 年 7 月 13 日の皆既日食を挙げている。

1 天文博士の仕事

朝廷には律令制のもと、天文道、陰陽道、暦道などを司る陰陽寮が設置され、陰陽頭を中心に天文博士、陰陽博士、暦博士、漏刻博士によって業務が遂行された。そのうち、天文博士は天空に現れた異変を観測し、過去の観測記録と照らし合わせて異変の意味を解釈し、その結果を直接、天皇に奏上する天文密奏を行った。天文博士の観測した天文現象の記録は歴史

図表 8-2 平安京大内裏と陰陽寮

書にも記載された。また、陰陽師から聞いた過去の天文現象の記録を、毎年配布される具注暦の空欄を利用した日記（古記録という）に記した貴族もいた。

こうした天文現象の記録、特に日食や月食は、日時や場所が記載されていない場合でも、それを特定することが可能なことがあり、古記録を基礎にした天文年代学が確立された。以降では興味深い超新星や日食の記録について、紹介することにしよう。

2 超新星爆発の観察記録

藤原定家が記した漢文の日記『明月記』の寛喜二年（1230年）十一月八日の条には、過去に出現した8件の客星（彗星や超新星など）を記した陰

図表 8-3 藤原定家の『明月記』中の「客星出現例」
（（財）冷泉家時雨亭文庫所蔵）

陽寮からの書状が綴じ込まれている。その中に「後冷泉院天喜二年四月中旬以後丑時、客星出觜參度、孛天關星、大如歳星」というものがある。これは「1054 年 5 月 20 日〜29 日（ユリウス暦）以後に、客星が觜と参（ともにオリオン座）と同じ度（赤経）で、天関（おうし座 ζ 星）の近くに現れ、その明るさは歳星（木星）と同じほどであった」というかに星雲（M 1）の超新星爆発について記した記録である。この超新星爆発に関する天文密奏を行ったのは安倍晴明の孫の時親か曾孫の有行であったと考えられる。そして、この記録は 1934 年に、アマチュア天文家射場保昭によって発掘され、米国の天文学術雑誌『ポピュラー・アストロノミー』に発表された。

かに星雲の膨張速度の観測値から逆算した結果、超新星爆発は約 1 千年前に起こったと推定されている。『明月記』の古記録によれば、四月は五月の書き誤りの可能性があるとの指摘を考慮に入れても、1 カ月程度の範囲で爆発が起こった日付を特定できることになり、その精度は観測値から得られた結果をはるかに凌ぐすばらしいものといえる。

③ 日食記録

『日本紀略』後編六の天延三年の記述に、「七月一日辛未。日有〻蝕。十五分之十一。或云。皆既。卯辰刻皆虧。如〻墨色〻無〻光。群鳥飛亂。衆星盡見。詔書大〻赦天下〻」というものがある。これは平安時代中期の 975 年 8 月 10 日に平安京で皆既日食が見られたという記録である。

図表 8-4 天延 3 年（出典『日本・朝鮮・中国一日食月食宝典』渡邊敏夫著・雄山閣刊行）

当時、用いられていた宣明暦では、この日に食分 11/15 の部分日食、または皆既日食が起こると予報されていたが、実際には皆既日食が起こったため、朝廷は大赦を出している。さらに、翌年 7 月には京、近江で大地震もあったため、天延から貞元へと改元された。なお、この皆既日食は日本の歴史書に記載されているものとしては最も古く、また、この文書は安倍晴明が天文博士の任に就いていたときに記されたものでもある。

『源平盛衰記』巻三十三には、1183 年 11 月 17 日の水島の戦いの最中に起こった日食のことが記されている。それは「寿永二年閏十月一日、水島にて源氏と平家と合戦を企つ…（中略）…城の中よりは、勝鼓を打つて匂り懸る程に、天俄かに曇りて日の光も見えず、闇の夜の如くになりければ、源氏の軍兵共、日蝕とは知らず、いとど東西を失ひて、舟を退きて、いづちともなく風に随つて逃れ行く。平家の兵共はかねて知りにければ、いよいよ関を造り、重ねて攻め戦ふ」というもので、このときに起こったのは、食分 0.93 の金環日食であった。陰陽師から日食が起こることを事前に聞いていた平氏方に対して、そうした情報を得ることのできなかった源氏方（木曽義仲軍）は欠けていく太陽を恐れて混乱したため、戦いは平氏が勝利した。

▶ **望遠鏡を用いた日本最初の天体観望会**

記録の残る望遠鏡を用いた日本最初の民間における天体観望会は、寛政五年七月二十日（1793 年 8 月 26 日）に医師 橘南谿の自宅で催されたものである。その時に用いられたのが、和泉貝塚の岩橋善兵衛が製作した長さ約 2.4 〜 2.7 m の八稜筒形（八角形）望遠鏡であった。当日、集まった善兵衛を含む 13 人は太陽、月、金星、土星、木星、星団、天の川など、様々な天体を観察している。その時の様子は橘南谿の『望遠鏡観諸曜記』などに記されている。南谿は、木星について、「歳星之傍、有四小星、其二在右、遠者明、近者微、其一在左、接近甚難辯、其一在上、亦接近甚難辯」（木星の側には4つの小さな星（衛星）がある。そのうちの2つは木星の右側にあり、木星から遠いものは明るく、近いものはうす暗い。1つは木星の左側にあり、木星と非常に接近しているため、見分けるのが難しい。もう1つは木星の上にあり、これも木星と非常に接近しているため、見分けるのが難しい）と、木星の衛星の明るさや木星に対する位置について詳細に記している。こうした記述は、望遠鏡で初めて見る宇宙の姿に驚嘆する当時の人々の様子を生き生きと今に伝えている。

橘南谿の太陽・惑星スケッチ（国立天文台所蔵資料）

8章 **3**節 日本の改暦

> **ポイント**
>
> 古来、日本では中国の暦を用いてきた。平安時代に採用された宣明暦は800年以上にわたり使われてきたため、暦と天文現象とのずれが生じていた。そのため、渋川春海は授時暦に独自の改良を加えた貞享暦を作成し、以後、暦は日本で作られるようになった。そして、明治5年、太陰太陽暦を廃止して太陽暦が採用された。

▶ 現存する改暦観測機器の礎石

朝廷の陰陽頭を拝命していた土御門家の屋敷跡には、天体観測に用いられた渾天儀と圭表の礎石が残されている。

土御門屋敷図面、南東隅に天文台がある（赤枠）

円光寺に残る渾天儀の礎石

梅林寺に残る圭表の礎石

① 中国暦をそのまま使った時代

古代日本の国々は周の時代から中国に朝貢し、臣下の国として中国の年号や暦を用いる冊封体制に入っていた。

『後漢書』「東夷伝」には、57年に倭王が後漢の光武帝から「漢委奴国王印」を授かったことが記されている。また、『三国志』「魏志倭人伝」には、邪馬台国の女王 卑弥呼が魏の皇帝から「親魏倭王」の印、銅鏡100枚などを賜ったことが記されている。そして、5世紀の倭国王武（雄略天皇）の代になると、中国との国交を断絶し、冊封体制から離脱した。その後、推古天皇15年（607年）に、「日出ずる処の天子、書を日没する処の天子に致す」で始まる国書を携えた第2次遣隋使を派遣したが、皇帝煬帝に対して冊封を求めず、日本独自の年号と暦を作成するために天体観測を開始した。しかし、天智天皇2年（663年）に白村江の戦いで唐・新羅連合軍に敗れると、遣唐使を派遣して再び冊封体制に入るようになった。なお、日本に伝えられた最初の暦は持統天皇4年（690年）の元嘉暦であり、元嘉暦以降、日本で採用された中国の暦は図表8-5の5つである。

図表8-5 日本で使用された中国暦

	日本での施行開始年	採用した中国王朝
元嘉暦	690年（持統天皇4年）	南朝宋
儀鳳暦	698年（文武天皇2年）	唐
大衍暦	764年（天平宝字8年）	唐
五紀暦	858年（天安2年）	唐
宣明暦	862年（貞観4年）	唐

② 貞享改暦

平安時代前期の862年に採用された宣明暦は、江戸時代までの800年以上にわたり、一度も改暦されることなく施行され続けたため、暦と日・月食などの天象とのずれは2日間にも及ぶようになっていた。幕府老中の意向を受けた囲碁師の安井算哲二世（後の渋川春海）は、中国の暦の中で最高の精度を誇った元の授時暦を参考にして天体観測を行い、授時暦に独自の改良を加えた大和暦（貞享暦）を編纂した。そして、朝廷側の陰陽頭土御門泰福と協力して貞享改暦（1685年施行）を行い、その功によって初代幕府天文方に

就任した。

❸ 宝暦改暦・寛政改暦・天保改暦

　西洋天文学に基づく暦の導入を志向していた八代将軍 徳川吉宗は、天文方西川正休に改暦を命じた。しかし、天文方から改暦の実権を取り戻そうとしていた朝廷側の土御門泰邦と西川の関係は思わしくなく、吉宗が没すると西川は改暦事業から外され、最終的には泰邦の一存で、貞享暦に部分的な修正を加えた宝暦暦への改暦（1755 年施行）が実施された。しかし、この暦は日食の予報を外すなど、実質的な改悪であった。

　寛政改暦（1798 年施行）は、麻田剛立の 2 人の高弟である天文方の高橋至時と天文方御用の間重富によって行われ、吉宗の悲願であった西洋天文学に基づく改暦の第一歩となった。そして、天保改暦（1844 年施行）は、本格的に西洋天文学を暦に導入することを試みた天文方の渋川景佑（高橋至時の次男）によって実施された。

図表 8-6　幕府天文方の浅草天文台（国立天文台所蔵資料）

❹ 太陰太陽暦から太陽暦へ

　明治 5 年（1872 年）、太陰太陽暦（天保暦）から太陽暦（グレゴリオ暦）への改暦が断行され、明治 5 年 12 月 3 日をもって明治 6 年 1 月 1 日とされた。

　太陽暦へ改暦されたのは西洋列強との外交・貿易関係を円滑にするためということが表向きの理由であった。しかし、後に大隈重信が語っているように、太陰太陽暦では明治 6 年は閏年のため 13 カ月あり、月給制に切り替えた官吏の俸給を 13 カ月分支払わなければならないことから、新政府の財政的な負担を軽減するために急遽、改暦が実施された、というのが現実的な理由であったといわれている。

　太陰太陽暦では朔日（1 日）は新月、15 日にはほぼ満月となるのに対して、太陽暦では、1 日に満月になることもあり得る。そのため、しばらくの間、庶民の生活は混乱をきたし、福井や福岡などでは、学校制度や徴兵令など、同時に導入された新制度とともに太陽暦の廃止を求める暴動が起こった。そうした動きに対し、福沢諭吉が『改暦弁』（1873 年）を出版するなど、太陽暦の普及活動が行われたが、戦前までは、盆や正月といった行事を旧暦（太陰太陽暦）に基づいて行う地方も少なくなかったという。

図表 8-7　明治 6 年の頒暦、旧暦（上）。明治 7 年の頒暦、太陽暦（下）

▶ **圭表**

圭表は改暦に必要な春分、夏至、秋分、冬至の時刻を決定するために、太陽の南中高度を観測する装置である。景符というピンホールの原理に基づく部品を使うことで、圭表がつくる影を鮮明にし、角度で 1 分を切る精度で太陽高度を測定することができた。

土御門泰邦の作った圭表の CG 復元

▶ **天文用暦ユリウス通日**

天体の明るさの変化を観測する場合、ある時点からの実際の経過日時を求める必要がある。そのために、天文学では紀元前 4713 年 1 月 1 日正午（世界時）を 0 日目とするユリウス通日が用いられている。一例を挙げると、2019 年 3 月 21 日 9 時（日本標準時）は 2458563.5JD であり、小数点以下は時刻を表している。

▶ **グレゴリオ暦** ☞用語集

▶ **旧暦** ☞用語集

8 章

天文学の歴史

117

● シーボルト事件

シーボルト事件は高等学校「日本史」の教科書で扱われる事項であるため、一度は聞いたことがあるだろう。文政11年（1828年）に、オランダ商館医師でドイツ人のフィリップ・フランツ・フォン・シーボルトが帰国の際に、国外への持ち出しを禁止されていた伊能忠敬の地図を持ち出そうとしていたことが発覚し、翌年にシーボルトは国外追放の処分を受け、主犯である書物奉行兼天文方の高橋景保をはじめ、長崎の通詞やシーボルトの門人等、五十数人が処罰を受けた事件である。主犯の高橋景保は、伊能忠敬の師高橋至時の長男であり、20歳で父の跡を継いで天文方となった。景保は伊能の測量事業の遂行に尽力し、1811年には暦局内に蕃書和解御用を設け、蘭書の翻訳事業を推進した。取り調べを受けた景保は「国家百年の計と考えて、シーボルトの所持していたクルゼンシュテルンの『世界周航記』（1803〜1806年）や『オランダ領東インド諸島の地図』と伊能地図を交換したこと」を認めたが、彼の主張が幕府に受け入れられることはなく、取り調べの途中に景保は獄死し、高橋家は断絶となった。

▶▶▶ 十干十二支

　「壬申の乱」や「戊辰戦争」をはじめ、日本史上に残る大きな出来事の中に十干十二支といわれる順序数が用いられた名称のものがある。この順序数は漢字文化圏ではよく用いられてきたもので、年や日を表している。例えば、令和元年は己亥の年である。

　十干十二支は、甲、乙、丙、丁、戊、己、庚、辛、壬、癸という十干と、子、丑、寅、卯、辰、巳、午、未、申、酉、戌、亥という十二支との組み合わせからなっている。十干を甲から、十二支を子から始めて、甲子、乙丑、丙寅、……、癸亥という60通りの組み合わせをつくる。そして、60番目の組み合わせである癸亥の次は再び最初の甲子に戻って同様に繰り返す。60年で一巡りすることから、生まれた年の十干十二支に還ることを還暦という。

十干十二支の表

1	2	3	4	5	6	7	8	9	10
甲子	乙丑	丙寅	丁卯	戊辰	己巳	庚午	辛未	壬申	癸酉
11	12	13	14	15	16	17	18	19	20
甲戌	乙亥	丙子	丁丑	戊寅	己卯	庚辰	辛巳	壬午	癸未
21	22	23	24	25	26	27	28	29	30
甲申	乙酉	丙戌	丁亥	戊子	己丑	庚寅	辛卯	壬辰	癸巳
31	32	33	34	35	36	37	38	39	40
甲午	乙未	丙申	丁酉	戊戌	己亥	庚子	辛丑	壬寅	癸卯
41	42	43	44	45	46	47	48	49	50
甲辰	乙巳	丙午	丁未	戊申	己酉	庚戌	辛亥	壬子	癸丑
51	52	53	54	55	56	57	58	59	60
甲寅	乙卯	丙辰	丁巳	戊午	己未	庚申	辛酉	壬戌	癸亥

　古文書には干支しか記されていない場合があるが、何らかの方法でおおよその年代を知ることができれば、干支から正確な年月日を特定することもできる。

　なお、日本では十干と陰陽五行説の木、火、土、金、水を組み合わせた甲、乙、丙、丁、戊、己、庚、辛、壬、癸という読み方も使われている。最近では『鬼滅の刃』の作中において、鬼殺隊隊士の十段階の階級を表すものとして用いられていたことから、ご存知の方もおられるだろう。

Question 1 ■■■■

日本で最も古い皆既日食の記載のある書物はどれか。
1 『日本書紀』
2 『日本紀略』
3 『源氏物語』
4 『源平盛衰記』

Question 2 ■■■■

安倍晴明の人物像として間違っているのはどれか。
1 京都の一条に屋敷があった
2 天文博士であった
3 平安時代の人物である
4 暦博士であった

Question 3 ■■■■

明治 5 年の太陽暦への改暦において正しい記述はどれか？
1 ほぼ同時に施行された学校制度において太陽暦の教育が徹底されたので全国的に混乱は起こらなかった
2 西洋列強諸国との外交や貿易をスムーズに行うための基盤整備のひとつになった
3 航海中の船に時刻を正確に知らせるために全国の主な半島・岬に時計台を設置した
4 福沢諭吉は太陽暦の解説書『学問のすすめ』を出版した

Question 4 ■■■■

エドウィン・パウエル・ハッブルの業績について間違っているものはどれか。
1 遠方銀河の後退速度が距離に比例することを示した
2 彼が観測に使った望遠鏡はハッブル望遠鏡と名づけられて永久保存されている
3 銀河をその形態ごとに E や S などで分類する方法は彼が提唱したものである
4 銀河の中にあるセファイド型変光星を観測して銀河の距離決定を行った

Question 5 ■■■■

次のうち、分光学が天文学に貢献した発見はどれか？
1 小惑星ケレスの発見
2 海王星の発見
3 膨張宇宙の発見
4 万有引力の発見

Question 6 ■■■■

日本の暦について間違っているのは次のどれか？
1 古代社会を支配した藤原一族は歴史・文化の和風化を図ったが、暦までは手が回らなかった
2 武家政権を確立した源頼朝は、鎌倉を基準とする改暦を行った
3 戦国の世を統一した織田信長は地方によって異なる暦の統一を朝廷に迫った
4 徳川幕府は武家政権の権威を示すために改暦を行った

Question 7 ■■■■

地動説に対する決定的な観測的証拠となったのは次のどれか？
1 均時差
2 年周視差
3 大気差
4 歳差

Question 8 ■■■■

ケプラーの 3 法則から、惑星が太陽からの距離の 2 乗に逆比例する万有引力を受けていることを発見したのは誰か。
1 ジョゼフ=ルイ・ラグランジュ
2 ピエール=シモン・ラプラス
3 アイザック・ニュートン
4 ガリレオ・ガリレイ

Question 9 ■■■■

十干十二支について正しく説明しているものは次のうちのどれか。
1 50 で一巡りすることを還暦という
2 十干十二支には繰り上がりの概念がないので 60 以上の数を表すことはできない
3 十二支に動物名を当てているのは日本だけである
4 真夜中を「子の刻」というが、十二支とは関係がない

Question 10 ■■■■

江戸時代の医師、橘 南谿が行ったことは何か。
1 本格的な国産の望遠鏡の製作
2 記録に残る日本初の天体観望会
3 大和暦の編纂
4 日本初の日食の予報

Answer 1

❷ 『日本紀略』

『日本紀略』後編六に記された 975 年 8 月 10 日の出来事で、当時の天文博士は安倍晴明であった。なお最初の日食の記録は『日本書紀』にあり、628 年 4 月 10 日のことである。『源平盛衰記』には 1183 年 11 月 17 日、水鳥の戦いの最中に起こった金環日食の記載がある。

Answer 2

❹ 暦博士であった

安倍晴明は陰陽寮天文博士を務めた。同じ陰陽寮には、暦博士、陰陽博士などが置かれたが、それぞれに役割は異なる。

Answer 3

❷ 西洋列強諸国との外交や貿易をスムーズに行うための基盤整備のひとつになった

旧暦の明治 5 年 12 月 3 日を太陽暦の明治 6 年 1 月 1 日とし、閏月もなくなったので財政逼迫の明治政府にとっては 2 カ月分の給料が予算から浮くことになった。また、旧暦による行事を禁止したため季節感のずれなど庶民の生活上の混乱、同時に施行された学校制度、徴兵令などに対する不満が暴動となった。福沢諭吉が太陽暦解説書として出版したのは『改暦弁』である。

Answer 4

❷ 彼が観測に使った望遠鏡はハッブル望遠鏡と名づけられて永久保存されている

ハッブル望遠鏡は 1990 年に打ち上げられた地上約 600 km 上空の軌道上を周回する宇宙望遠鏡で、ハッブルの偉業を記念して命名された。

Answer 5

❸ 膨張宇宙の発見

宇宙が膨張していることは、銀河までの距離と、その銀河が遠ざかる速度を測定することによって明らかになった。銀河までの距離はセファイド型変光星の周期光度関係から判明した。速度は銀河を分光し、ドップラー効果によるスペクトルのずれから測定した。

Answer 6

❷ 武家政権を確立した源頼朝は、鎌倉を基準とする改暦を行った

遣唐使がもたらした宣明暦は江戸時代の初期までの 800 年間にわたり使用され続けた。鎌倉幕府は暦については朝廷が所轄するものとしていた。

Answer 7

❷ 年周視差

均時差は視太陽時と平均太陽時との差、大気差は大気の屈折率の変化で星が浮かびあがって見える現象、歳差は地球自転軸のごますり運動により春分点が移動する現象。

Answer 8

❸ アイザック・ニュートン

ニュートンは 1687 年に『プリンキピア』を出版し、アリストテレス以来の幾何学的運動学を打ち破る力学的運動学を打ち立てた。ラグランジュやラプラスは、ニュートン力学に基づく天体力学に大きく貢献した。

Answer 9

❷ 十干十二支には繰り上がりの概念がないため、60 以上の数を表すことはできない。

十干十二支の一巡りは 60 である。十二支を使用しているベトナム等でも動物名が振り当てられているが、日本とは異なる動物名もある。

Answer 10

❷ 記録に残る日本初の天体観望会

記録の残っている日本最初の民間における天体観望会は、大阪の岩橋善兵衛自作の望遠鏡で、京都の橘南谿の自宅にて行われたものとされる。当時の記録によると、太陽・月・木星・土星・プレセペ星団などを観察したようである。

9章

人類の宇宙進出と宇宙工学

ドラゴンとシグナス ©NASA

クルードラゴン ©NASA TV

©NASA

国際宇宙ステーションと次世代宇宙船
国際宇宙ステーション（ISS、左）は 1998 年に組立が開始されて以降、現在も運用が続いている。2011 年に NASA のスペースシャトルが引退した後、その代わりとなる宇宙船の開発が民間企業でも積極的に進められている。中でもオービタル・サイエンシズ社の「シグナス」やスペース X 社「ドラゴン」は、現在 ISS への無人補給機として主力を務めているほか、2020 年 11 月には日本の野口聡一宇宙飛行士を乗せたスペース X 社開発の商用有人宇宙船「クルードラゴン」が ISS へのドッキングに成功した。2021 年 4 月には、星出宇宙飛行士を乗せたドラゴン宇宙船 2 号機も ISS に到着。野口宇宙飛行士を乗せた同機は地球への帰還にも成功した。

宇宙探査の近未来

　イラスト（右）はNASAが目標とする有人火星探査に向けたロードマップの模式図。2020年代に月へ再度人類を送り込み、2030年代以降には火星有人探査を実現するための技術開発を行うという計画だ。その第一歩として、NASAはアルテミス計画という月面着陸を目指した一連の計画を打ち立てている。その第一機となるアルテミス1号は2021年内に打ち上げ予定で、有人飛行船オリオンの無人飛行試験および通信試験が実施される予定だ。現状ではアルテミス2号、3号も開発が進められており、2号では有人月フライバイ探査、3号で有人着陸探査が予定されている。月探査はNASAの独壇場ではない。中国は2020年11月に月探査機「嫦娥5号」を打ち上げ、翌12月に月周回軌道上での探査機ドッキングに成功、地球に月面サンプルを持っての帰還に成功した。インドも2019年7月に月面探査を目指したチャンドラヤーン2号を打ち上げたが、残念ながら探査機の月面着陸に失敗している。現在次号機のチャンドラヤーン3号の開発が進められている。

　続いて人類が訪れる予定の火星も、複数の探査機によって「その時」を見据えた基礎データ収集が継続して行われている。2020年7月に打ち上げられたNASAの火星探査ローバー「パーサヴィアランス」は、2021年2月に火星着陸に成功。初となるミニヘリコプターを使った探査にも期待がかかる。さらにESAとロシアのロスコスモス社が共同で開発する「エクソマーズ2022」では、ロシア製着陸機がESAのローバー「ロザリンド・フランクリン」を搭載し、2022年に火星へと飛び立つ予定だ。さらに日本では、人類史上初となる火星の衛星からのサンプルリターンを目指すMMX（Martian Moons eXploration、火星衛星探査計画）が進められており、2024年の打ち上げを目指して探査機の開発が進んでいる。

アルテミス1号に用いられる民間宇宙船「オリオン」が月を周回する想像図。©NASA

火星を飛ぶミニヘリコプターの想像図。パーサヴィアランスに搭載されたミニヘリコプター「インジェニュイティ」は、2021年4月以降、複数回のフライトに成功している。©NASA/JPL-Caltech

日本が主導する火星探査計画MMXでは、世界初となる火星衛星からのサンプルリターンに挑戦する。©JAXA/NASA

現在
ISS の利用

2020 年代
月近傍領域でのオペレーション
（基地局の提供）

2030 年以降
地球−月系を離れ、
火星軌道での探査を開始

第 0 段階
今後の探査のために、ISS
上で試験および実験を続け
る。月面資源の量や利用
可能性について評価する。
基礎的な技術開発をする。

第 1 段階
地球−月軌道空間での
ミッションを開始。深宇
宙探査に向けたゲート
ウェイを構築し輸送手段
の組み立てを開始する。

第 2 段階
深宇宙探査に向けた準
備の完了および長期間
にわたる火星模擬探査
の実施。

第 3、4 段階
継続的に宇宙飛行
士を火星軌道およ
び火星表面に送り込
んでの探査を開始。

2020 年代以降の火星探査ロードマップ。2020 年代には再び人類を月面に送り込み、2030 年代以降には火星有人探査を目指す。

NASAが運用中の火星着陸探査機「インサイト」
には、火星内部探査のための地震計や火星表
面の環境を測定する風速計、カメラなどが搭載
されている。これまでのローバーたちと同じく夕
焼けの様子も撮影。火星の夕焼けが青いのは、
火星大気中に舞い散る砂塵が太陽の赤い光を
散乱するからだ。火星の方が地球よりも大気中
の砂塵の大きさが大きいため、散乱する光の波
長が異なるのである。© NASA/JPL-Caltech

火星探査ローバー「キュリオシティ」。ローバーの
腕は約 2 m まで伸び、岩石や土壌を直接調査でき
るだけでなく、赤外線レーザーでそれらを蒸発させ
てスペクトル分析も行う。2.1 m の高さまで伸びる
マストの先端にはカメラが搭載され、「自撮り撮影」
をすることができる。© NASA/JPL-Caltech

9 章 人類の宇宙進出と宇宙工学

キュリオシティのマストに搭載されたカメラが
撮影した火星のパノラマ写真（NASA/JPL-
Caltech/Malin Space Science Systems）

1節 化学ロケットのしくみ

ポイント ロケットは、大気圏を抜け所定の高度まで衛星を運び、その衛星に最終的な加速を与えるのが使命である。ところがロケットが飛行する宇宙空間はほぼ真空である。ゆえにロケットは推力を得るのに必要な燃料だけでなく、それを燃焼させるための酸化剤も一緒に搭載しなくてはならない。

▶推力
ロケットを進行方法へ推し進める力で、推進力ともいう。ロケットから毎秒噴射される燃焼ガスの質量（kg/s）と燃焼ガスの噴出速度（m/s）の積に比例し、単位はN（ニュートン）となる。なお、1Nは1kgの物質に1m/s²の加速度を生じさせる力。

▶比推力
ロケットの推進剤の性能（燃料効率）を表す量。比推力は、推力（N）÷1秒間に消費される推進剤の質量（kg/s）÷重力加速度（m/s²）で定義され、単位は秒（s）となる。比推力が大きいほど推進剤の性能が良く、燃焼ガスの噴出速度も大きい。重力加速度（単位質量あたりの重力）が9.8m/s²なので、比推力の約10倍が噴射速度になる。図表9-1にあるように、液体ロケットの方が燃料効率は良いので、比推力や噴射速度は高くしやすいが、推力は固体ロケットの方が高くしやすい。そのため、打ち上げ時に瞬発力が必要な第1段には、しばしば固体ロケットブースターが付加される。

① 作用・反作用の法則で飛ぶロケット

　現在、宇宙開発で最も一般的なロケットは、化学系推進剤を利用したロケットエンジンにより推進力を得る**化学ロケット**である。化学系推進剤には固体と液体があるが、いずれも原則としてエンジンノズル出口で高速のガスを噴射させ、その反作用で推力を得る。そのために、燃料を燃焼室で燃焼させて高温高圧のガスを生成する。そのガスをスロートと呼ばれる絞った出口から一定方向に噴射させ、さらにスカートのように広がったノズルを通して膨張させて高速なガスとする。このような化学ロケットは、大きな推力を出すことができるが、長時間の連続運転ができないという欠点をもっている。

Isp（比推力）$= F$（推力）$/\dot{m_p}$（推進剤質量流量）G（標準重力加速度）

② 固体ロケット、液体ロケットの構造

　固体ロケットは、固体の燃料と酸化剤を混ぜ合わせて、ロケット本体に充填した固体推進剤を使用する。構造は簡単で、ケース、ノズル、推進剤、点火器で構成され、部品点数が少なく、使用時にはポンプなどの機械部品で推進剤を燃焼室に移送することなく、ロケット内部の推進剤へそのまま点火することで大きな初速を得ることができる。短所としては、比推力が小さい、燃焼中断ができない、推力方向の制御が難しいなどがある。推進剤としては、過塩素酸アンモニウム、ブタジエンゴム系の末端水酸基ポリブタジェン、および微量のアルミニウムを混ぜたものを熱硬化したコンポジット推進剤が日本の H-IIA 固体補助ロケット、M-V ロケット各段に用いられている。

　液体ロケットは、H-IIA ロケット第1段を例にとると、酸化剤である液体酸素タンク、燃料である液体水素タンク、および LE-7A エンジンより構成されている。水素と酸素で完全な化学反応（水の生成）を行わせるための水素と酸素の重量混合比は、1：8（$2H_2 = 4：O_2 = 32$）であるが、スペースシャトルメインエンジンや、H-IIA ロケットの第1段エンジン LE-7A での重量混合比は、1：6としている。その理由は2つある。第1は、完全燃焼させてし

まうと、燃焼室の温度が上がり過ぎてしまい、耐えられなくなる。水素を余分に供給することにより、温度を下げるためである。第2は、推進剤としては排出されるガスを100%水蒸気ではなく、水素ガスを混ぜて軽くした方が噴射速度が高くなる、すなわち、比推力が大きくなるためである。

図表 9-1　固体ロケットと液体ロケットの比較

固体ロケット	液体ロケット
・構成・構造がシンプル	・構成・構造がやや複雑
・比推力　〜285秒	・比推力　350〜450秒
・小推力から超大推力まで選べる	・小推力、超大推力には向かない
・燃焼時間は比較的短い	・燃焼時間が長くとれる
・燃焼途中での停止ができない	・燃焼停止・再着火ができる
・推力制御が少々困難	・推力制御可能
・フライト用モータの燃焼試験不可能	・フライト用エンジンの燃焼試験可能
・推進剤充填状態で長期間保管可能	・燃料充填状態での長期保管はほぼ不可能
・打ち上げ前点検は比較的簡単	・打ち上げ前整備（漏洩点検、予冷等）必要
・開発期間が短い、開発コスト小	・開発期間が長い、開発コスト大
・量産効果は小さい	・量産効果あり

注）固体燃料を使用するロケット推進機のことをモータ、液体燃料を使用するロケット推進機をエンジンという。

注）ウクライナが商業衛星打ち上げサービスに提供しているドニエプルロケットは、ソ連時代の戦略ミサイルで、その燃料は約30年間長期保管された後、バイコヌール宇宙基地等から打ち上げている。JAXAの光衛星間通信実験衛星「きらり」はこのロケットで打ち上げられた。

図表 9-2　各国の液体ロケット推力、比推力等の一覧

機種	SSME	LE-7A	RD-0120	ヴァルカン	RS-68	YF-77
開発国	アメリカ合衆国	日本	ソビエト連邦	欧州宇宙機関	アメリカ合衆国	中華人民共和国
推進剤	液体水素と液体酸素	液体水素と液体酸素	液体水素と液体酸素	液体水素と液体酸素	液体水素と液体酸素	液体水素と液体酸素
真空中比推力（秒）	453	440	454	433	409	438
噴射速度（m/s）	4530	4400	4540	4330	4090	4380
真空宇宙での推力（kN）	2320	1120	2000	1140	3430	690
搭載	スペースシャトル	H-ⅡAロケット H-ⅡBロケット	エネルギア	アリアンⅤ	デルタⅣ	長征5号

注）kNは力の単位をN（ニュートン）として1000N。

注）表中左側の3つ（SSME、LE-7A、RD-0120）は、二段燃焼サイクル方式の液体酸素・液体水素ロケットエンジン。これは、燃料の一部を不完全燃焼させてポンプを駆動した後、出てきたガスをさらに燃焼室に送り込んで完全燃焼させ推進に使う。燃費が良く、大出力だが、構造が複雑で高価。これまでにロシアが最も多く開発・実用化した。ロシア以外では、スペースシャトルメインエンジン（SSME）と、LE-7/LE-7Aエンジンしか実用例はない。右側の3つ（ヴァルカン、RS-68、YF-77）は、ガス発生器サイクル方式の液体ロケットエンジン。燃料の一部を別に燃やして、その力でポンプを駆動する方式。割と強力だが、燃料の一部を推進ではなくポンプの駆動に使ってしまうので燃費が少し落ちる。

ロケット名	H-ⅡA	H-ⅡB	デルタⅣ	アトラスⅤ	ファルコン9	アリアンⅤ	ソユーズ	プロトンM	長征3	GSLV
国名	日本	日本	米国	米国	米国	欧州	ロシア	ロシア	中国	インド
全長（m）	53	56.6	63〜72	61〜76	70	54.8	29.2〜49.5	53	52.5〜56.3	43.4〜49
全備重量（t）	289〜443	531	250〜733	334〜569	541	780	107〜305	713	241〜459	415〜640
低軌道打上げ能力（t）	10.0	16.5	9.4〜28.8	8.1〜18.8	22.8	21.0	3〜7.8	23.0	8.5〜12	5〜8
静止トランスファ軌道打上げ能力（t）	4〜5.95	N/A	3.1〜14.2	2.7〜8.9	8.3	9.5	3.3	6.9	2.6〜5.5	2.5〜4

図表 9-3　世界の大型ロケット一覧

化学ロケットの種類

固体ロケット

ノズル、燃焼室、（空洞）、点火器、固体推進剤

液体ロケット

酸化剤、ポンプ、燃焼室、燃料、ポンプ、ノズル

打ち上げの窓

ロケットや人工衛星の目的達成のために諸条件から計算された打ち上げ可能時間帯のこと。ロンチウィンドウともいう。例えば、種子島宇宙センターから国際宇宙ステーション（ISS）の物資補給のために打ち上げられる「こうのとり」は、消費燃料と搭載燃料を抑えるために、ISSがちょうど種子島宇宙センターの真上を飛行するタイミングで打ち上げる。このときの打ち上げ時間帯が打ち上げの窓である。また、火星探査の場合、火星と地球の公転周期が異なるため、チャンスは2年に1度程度。しかも1週間という短い打ち上げの窓しかない場合も珍しくない。さらに、打ち上げ可能な時間帯も数十秒だったりする。2003年に打ち上げた小惑星探査機「はやぶさ」の場合は30秒間しかなかった。

H3 ロケット開発

H-ⅡA、H-ⅡBおよびイプシロンロケット開発技術をベースとして、JAXAは民間企業との共同事業で、「H3ロケット」を開発中。性能、価格両面で国際競争力のあるロケットを目指し、試験機1号機を2021年度、試験機2号機を2022年度に打上げを目指している。

9章

2節 非化学ロケットのしくみと未来のロケット

ポイント 7年間という長期にわたって宇宙を旅し、小惑星イトカワからサンプルを持ち帰った小惑星探査機「はやぶさ」は、イオンエンジンを搭載していた。研究開発が進む非化学ロケットは、未来に向かってどのように進化していくのだろうか。

① 非化学ロケット

　化学反応（燃焼反応）を利用せず、物理的な力で推進する非化学ロケットは長時間運転が可能だ。研究開発が進む様々な非化学ロケットのうち、現在、実用化が可能なのは、イオンロケットとプラズマロケットである。

図表 9-4　非化学ロケット一覧

推進方法	比推力	名称	特徴
電気推進	数1000〜1万秒 （はやぶさ：2900秒）	イオンロケット プラズマロケット 電気熱ロケット	推進剤をイオン化またはプラズマ状にし、その後、電気や磁気の力を利用して噴射する。小型のものは衛星の制御用として実用化されている。
原子力推進	最大1000秒	固体炉心ロケット コロイド炉心ロケット プラズマ炉心ロケット	原子炉の熱で推進剤（水素等）を加熱し、噴射する。実験段階のみで実用化されていない。
パルス推進	数万秒	核分裂パルスロケット 核融合パルスロケット	小型の核分裂や核融合を断続的に発生爆発させ、その反作用で推進する。
レーザー推進	約3000秒	レーザーロケット	ロケットにレーザーを照射し、それを受けて推進する。
太陽帆推進	——注）	ソーラーセイル	大きな帆により太陽光線を受けて推進する。
核融合推進	数万秒		水素等の核融合物質を噴射して推進する。
星間ラムジェット推進	約200万秒 （バサードラムジェット）	ラムロケット	宇宙空間の水素を集めて核融合させ、それを噴射して推進する。
光子推進	3000万秒	光子ロケット	物質と反物質を反応させ、光に変えて、それを噴射して推進する。

注）能動的エンジンを持たないので比推力の対象外

イオンエンジン

　電気推進の一種。化学ロケットのような大推力は出せないが、燃費に優れている。「はやぶさ」が搭載した我が国独自開発のマイクロ波放電式イオンエンジンは、継続的に長期間の加速が可能な特徴を活かし、惑星間飛行時の加速や軌道安定のための微調整等に利用される。

図表 9-5　イオンエンジンのしくみ

プラズマエンジン

　電気推進の一種。気体温度を上げると、気体の原子は、マイナス電気の粒子とプラス電気の粒子に分かれる。これら2つの粒子が混在している状態がプラズマである。プラズマエンジンは、推進剤ガスを電気放電によってプラズマにし、これを電磁的に加速して噴射する仕組みになっている。推力は小さいが長時

間の連続運転が可能なので、人工衛星の軌道制御などに適している。

ソーラーセイル

太陽帆推進の一種。2010年7月9日、JAXAが打ち上げた小型ソーラー電力セイル実証機「IKAROS（イカロス）」が史上初のソーラーセイルの宇宙実証を行い、一躍注目を浴びた。2015年5月20日、宇宙探査を推進している国際NPOの惑星協会が開発したライトセイルA（短辺10cm、長辺30cmのキューブサット）が地球低軌道に打ち上げられた。2016年にはライトセイルBの打ち上げ、将来は、太陽-地球系のラグランジュ点（L1点）（☞用語集）への飛行を計画中だ。

太陽風によって推進しているのではなく、光子の反射によって生じる反作用による。光の粒子が太陽帆を形成する薄膜に当たり反射すると、薄膜には光の入射方向と逆向きの力が発生する。この力は、セイルの面積と光圧力に比例する。光圧力は光源からの距離の二乗に反比例する値となる。太陽光圧を利用するには極めて軽量かつ極めて広い面積を保持できる薄膜が必要。

原子力エンジン

原子炉で液体水素等を高温ガスにして噴射する原子力推進の一種。原理は化学ロケットと同じ。機体軽量化と長時間運行が期待できる。

2 未来のロケット

光子ロケット

物質と反物質を反応させ、光に変えて、それを噴射して進む。1935年にドイツのオイゲン・ゼンガーが提案したシステムで、SF小説にもよく登場するが、光子を100%反射させる反射鏡や、強い光を発する発光体の開発など、技術的難題が多く、実現は極めて難しいだろう。

ラムロケット

宇宙空間には、わずかにある水素原子を集め、加速して噴出しながら進むロケット。水素原子を集めるために、直径数kmもの巨大な集積装置（ラムスクープ）が必要。

レーザーロケット

レーザー基地からロケットにレーザーを照射して、そのエネルギーで進む。燃料が不要なため、衛星とロケットの質量比を高くとることができる。近年、宇宙エレベーターの駆動装置として注目を集めている。

図表 9-6 プラズマエンジンのしくみ

図表 9-7 「IKAROS」は、一辺約14mの正方形で、厚さ7.5μmのポリイミド樹脂膜にアルミを蒸着した薄膜（膜面重量15kg、膜面積：約200m²）に太陽光圧を受けて航行する宇宙帆船。太陽光さえあれば燃料なしで推進力を得ることができる。

図表 9-8 原子力エンジンのしくみ

図表 9-9 未来のロケット

9章

3節 宇宙へ飛び上がる

ポイント 打ち出された砲弾が描く放物線状の飛行を弾道飛行という。その最高到達高度を100 kmにすれば宇宙空間に到達できるが、砲弾はいずれは地上に落ちる。人工衛星が地球を周回し続けていられるのは、地球の重力に引かれる力と、衛星の運動による遠心力が釣り合っているからだ。人工衛星が地球のまわりを回る道筋を軌道と呼ぶ。

❶ 宇宙速度

【第一宇宙速度】 地球を周回する軌道に乗る、つまり人工衛星になるために必要な速度を第一宇宙速度という。速度は高度によって異なる。現実には空気抵抗による減速で不可能な軌道だが、地表すれすれを円軌道で周回すると仮定した時に必要な速度はおよそ 7.9 km/s（時速約 2 万 8400 km）。

【第二宇宙速度】 地球の引力圏を脱出する速度を第二宇宙速度という。地球表面から打ち出す場合に必要な速度はおよそ 11.2 km/s（時速約 4 万 320 km）。

約 7.9 km/s（第一宇宙速度）
地球周回軌道

約 10 km/s
地球を回る楕円軌道

地球

約 11.2 km/s
（第二宇宙速度）
地球の重力を振り切る速度

約 16.7km/s（第三宇宙速度）
太陽の重力を振り切る速度

図表 9-10 地表から打ち出す場合の初速度と軌道

【第三宇宙速度】 太陽の重力を振り切り太陽系から脱出する速度を第三宇宙速度という。地球表面から打ち出す場合に必要な速度はおよそ 16.7 km/s（時速約 6 万 120 km）。この数値は太陽を中心とする地球公転軌道から無限遠点まで到達できる初速度という意味であり、現実的には第二宇宙速度で地球重力圏を脱出し、太陽を周回する軌道に入り、別の天体の重力に捕らわれるなど（スイングバイ☞用語集）して脱出を果たせる。

❷ 人工衛星の軌道

人工衛星の軌道は、高度、軌道傾斜角等によりいくつかに分類される。人工衛星の軌道を考えるうえで重要なのは、①人工衛星と地球の関係（地球が自転している）と、②人工衛星と太陽の関係（地球と人工衛星が公転している）である。

【静止軌道】 自転する地球表面との相対関係を常に一定に保つ軌道。すなわち、地球から見ると人工衛星が常に止まって見え

図表 9-11 人工衛星の軌道高度別速度（円軌道の場合）

高度（km）	速度（km/s）	周期
0	7.906	1 時間 24 分 28 秒
100	7.844	1 時間 26 分 29 秒
500	7.612	1 時間 34 分 37 秒
1,000	7.350	1 時間 45 分 08 秒
5,000	5.918	3 時間 21 分 19 秒
10,000	4.934	5 時間 24 分 28 秒
35,786	3.075	23 時間 56 分 04 秒

る軌道。衛星の軌道周期（地球を周回する時間）を地球の自転周期（23 時間 56 分 4.09 秒）とするため、赤道上空約 3 万 6000 km（約 3 km/s）を周回させる。代表的な人工衛星としては、気象衛星「ひまわり」、放送衛星、通信衛星等が挙げられる。

【同期軌道】 軌道周期は 24 時間。円軌道だけでなく楕円軌道のものも含む。また、軌道傾斜角は 0° でなくともよい。高緯度地方の観測や通信に適している。

【回帰軌道】　地球を1日に数回まわり、1日で同一地点の上空を通過する軌道。

【準回帰軌道】　衛星が地球を一周するたびに、観測する地域が少しずつずれていき、数日後に再び同じ場所の上空に戻ってくる軌道（図表9-13）。この軌道で飛行すると、同じ地域を一定の期日の間隔で観測することができる。

【太陽同期軌道】　衛星と太陽の位置関係が常に同じになる（つまり、衛星の軌道面に当たる太陽からの光の角度が同じ）ように飛行する軌道（図表9-14）。この軌道では、赤道上空を衛星が通過する地方時が、ほぼ一定（地上の観測者から見ると、毎回ほぼ同じ時刻（地方時）に衛星が飛んでくる）になるので、この軌道で飛行すると、観測時の地球表面への太陽光の入射角が一定となるため、地球表面からの放射・反射量を正確に観測することができるようになる。

【太陽同期準回帰軌道】　地球観測衛星は、太陽同期軌道と準回帰軌道を組み合わせた軌道を飛行しており、地球の表面に当たる太陽の角度が同じになる（太陽同期軌道の特性）という条件のもとで、定期的に同じ地域の観測（準回帰軌道の特性）を行える。例えば、海洋観測衛星1号「もも1号」（MOS-1）の場合は、約103分かけて地球を一周し（これを「周期」という）、17日間隔で同じ地域の上空をほぼ同じ時間帯に通過（これを「回帰日数」という）する。

　地球観測衛星が地球を一周する時間（周期）や何日間隔で同じ地域の上空を通過するかという日数（回帰日数）は、衛星の種類によって異なり、「いぶき」は3日、「だいち2号」は14日である。

【準天頂軌道】　3機の衛星の軌道面を120°間隔で配置することで、日本、東アジア、オーストラリアへの24時間連続サービスが可能となる。つまり、地上軌跡北側の八の字（小さいループ）を1機の衛星が約8時間滞在後南下、次の衛星が南から北上し、小さいループへ移動して約8時間滞在、第3の衛星が北上、第2の衛星と入れ替わる。

● 3衛星は楕円軌道で、地上軌跡は赤道を挟んで非対称8の字を描く。
© 吉富進

図表9-12　人工衛星の軌道

図表9-13　準回帰軌道。1日に地球を何周かし、数日後に同じ地域をほぼ同時間帯に通過。

図表9-14　太陽同期軌道。衛星の軌道面と太陽の角度はほぼ一定。

図表9-15　準天頂軌道の3機の衛星を軌道面120°間隔で配置した図（左）と、その場合の地表面軌道（右）。© 吉富進

9章　人類の宇宙進出と宇宙工学

129

4節 軸道力学

ポイント 求められる高い精度と人命の安全を保持しつつ、いざ宇宙を目指すとなると、現実の宇宙には、大気の抵抗や重力などの様々な課題が待ち受けている。また同時に、経済効率を考慮した省エネルギー化も常について回る課題である。

プラスワン

火星まで何日？

例えば、ホーマン軌道で地球から火星まで往復するには、火星まで片道258日、火星で458日滞在した後、帰りにも258日、往復で2年8カ月を要する。ロケットを高速にすればもっと早く到達できるが、噴射のための燃料も膨大になり、経済的ではない。

▶ GTO

GTOとは静止トランスファ軌道（geostationary transfer orbit）の略。静止衛星の軌道傾斜角を0°に変換することを考慮すれば、ロケットを打ち上げる地点（射場）の緯度は、赤道に近いことが望ましい。欧州宇宙機関（ESA）が用いるフランス領ギアナにあるギアナ宇宙センターの射場は北緯5度3分の低緯度にある。

▶ スペースデブリ

運用後に放置された人工衛星やロケットの一部など、地球の衛星軌道上を周回している打ち捨てられた人工物体のこと。宇宙ゴミともいう。その数は年々増え続けており、活動中の人工衛星やISSなどに衝突すれば甚大な被害をもたらすた

① ホーマン軌道、静止トランスファ軌道

出発軌道（元の軌道）と目標軌道（外惑星に向かう場合）とが同一面上にあるとき、出発軌道に外接し目標軌道に内接する楕円軌道を**ホーマン軌道**という。ホーマン軌道は、最も経済的な軌道である。しかし、現在、ほとんどの惑星探査機は**準ホーマン軌道**に打ち上げられている。ホーマン軌道に打ち上げる場合よりも速度を上げ、打ち上げ方向を少しだけ変えることで、目的の惑星までの飛行日数を減らすことができる。

静止トランスファ軌道（GTO）とは、人工衛星を静止軌道に投入するときに一時的に使われる軌道である。考え方は、

図表9-16 ホーマン軌道（上）、静止トランスファ軌道（下）。パーキング軌道とは目的の軌道に乗せる前に一時的に用いる軌道。

図表9-17 軌道面制御

ホーマン軌道の手法である。出発軌道（パーキング軌道という）と目標軌道（静止軌道）とは軌道面が異なる場合が多い。パーキング軌道は通常打ち上げ地点の緯度に近い軌道傾斜角をもつため、例えば、種子島宇宙センターから打ち上げると、静止軌道に必要な軌道傾斜角0°に変換する必要がある。かつては、GTOの遠地点（高度約3万6000 km）で衛星内に組み込んだ小型ロケット、アポジモータにより、楕円軌道から円軌道への変換と共に、軌道面の変更を行った。最近では、軌道変換のリスクを避けるため、再点火が可能な液体アポジエンジンで複数回に分割して徐々に静止軌道へと変換する方法が主流となっている。静止トランスファ軌道は、日本の場合は軌道傾斜角約28°であるため、静止軌道への投入のためには、軌道面変更が必要で、遠地点において図表9-17の制御を必要とする。

② 軌道を支配する力学

　人工衛星の実際の軌道は、地球の偏平性や組成の不均一性などによる重力場の中心力場からのずれ、太陽、月、他の惑星などの天体から働く力、高層大気の抵抗、太陽風の圧力、地球磁場の影響などで、ケプラー運動からずれを生じている。このずれのことを摂動と呼び、ずれを起こさせる力を摂動力と呼んでいる。

楕円軌道を表す式（ケプラーの第1法則）

$$r = \frac{a(1-e^2)}{1+e\cos f}$$

r：地心（地球の質量中心）から人工衛星までの距離
a：長半径　　e：離心率　　f：真近点離角（近地点から計った角度）

コラム

▶▶▶ 国際宇宙ステーション（ISS）の軌道

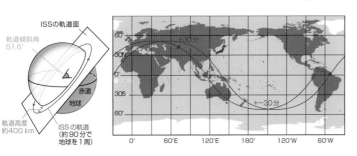

ISSの軌道面
軌道傾斜角 51.6°
赤道
地球
軌道高度 約400 km
ISSの軌道（約90分で地球を1周）

2020年2月〜2021年2月のISSの航行高度変化

H-ⅡAロケットの破片との衝突回避のため軌道降下

高度[km]

左のグラフは過去1年間のISSの航行高度を示す。リブースト（赤矢印）による急激な高度上昇と緩やかな減衰を繰り返して高度418〜420 kmを維持している。徐々に降下しているのは（太陽活動による外圏大気の密度変化による）大気の抵抗によるもの。また、急激な高度低下（青印）はデブリとの衝突回避のため。2020年9月下旬は、H-ⅡA40号機のロケットが発生させた破片との接近回避のため。

め、国際問題となっている。しかし、回収は難しく、現在は、10 cm以上の大きさのデブリ（アメリカの発表によると2万3000個以上）について、その軌道を把握して回避を図るのみである。

低軌道スペースデブリ分布図（デブリの大きさは誇張している）
©NASA

静止軌道スペースデブリ分布図（低軌道スペースデブリを含む。デブリの大きさは誇張している）
©NASA

● **宇宙交通管理**

最近、米国、欧州、日本の企業等が衛星の編隊飛行計画（Mega Constellation）を相次いで発表している。現状で最大数の計画は、1米企業が既に1000機以上の衛星を高度約550 kmに配置済みで、最終的には4万機以上でグローバルなインターネット環境を提供しようとしている。他にも英国政府が買収した会社でも最大4万機以上打上を計画している企業もあり、少なく見積もっても、10年後には新たに5万機以上の衛星が新たに地球周辺を飛行すると予測される。このような問題をどう解決するかを、「宇宙交通管理（Space Traffic Management）」といい、デブリ問題同様、今後の宇宙利用の重大な課題となっている。

宇宙に住むために

ポイント 地球上の1Gの重力環境を離れるとき、動植物にはどのような変化が現れるだろうか。ISSでは宇宙空間で遭遇する様々なリスクを克服するための試みや実験が行われている。また、宇宙空間ならではの環境を生かした実験は、我々の生活をより豊かにする成果を生み出しているのだ。

▶ 宇宙線

宇宙線は、宇宙空間を飛び交う高エネルギーの粒子線のこと。超新星残骸や銀河中心から発せられている。1秒間に数百個もの宇宙線が我々の体をすり抜けている。主成分は陽子であり、アルファ粒子、リチウム、ベリリウム、ホウ素、鉄などの原子核を含む。地球にも常に飛来しているが、地上での被曝線量は、1年間で約2.4ミリシーベルトといわれている。一方、ISS滞在中の宇宙飛行士の被曝線量は、1日あたり1ミリシーベルト程度。ISS滞在中の1日あたりの放射線量は、地上での約半年分に相当する。

▶ ミール宇宙ステーション

「ミール宇宙ステーション計画」は、ソ連の有人宇宙計画であった「ヴォストーク宇宙船」（1961～63年）、「ウォスホート宇宙船」（1964～65年）「ソユーズ宇宙船」（1967～85年）、人類初の長期滞在型宇宙ステーション「サリュート宇宙ステーション」（1971～86年）に続く、本格的な長期宇宙滞在技術獲得のための有人宇宙活動

① 宇宙空間という環境

　一般的に、有人宇宙活動に障害となる宇宙環境として、**真空**、**無重力**、**宇宙線**が挙げられる。真空に対してはISSのように与圧空間を整備し、船外では宇宙服により対応する。無重力に対しては特に人体への影響として、心循環器、骨、筋肉、免疫系への影響があり、対応策はISSで研究が進行中である。宇宙線に対する防御は今後の有人宇宙活動の中で最も重要な課題である。ISSの長期滞在で当面6カ月という制約があるのは、累積被曝による細胞のがん化を回避するためである。

図表 9-18 宇宙滞在中に宇宙飛行士が遭遇する健康リスクとその対応策

健康リスク	身体への影響	対応策
微小重力の影響	【前庭器官への影響】 耳の奥にある前庭器官（重力センサー）の不調による宇宙酔いの発生。	数日で自然に収まる。
	【心循環器への影響】 体液が重力で下に引っ張られないため顔がむくむ。頭部に移動した余分な体液によって鼻腔の粘膜もむくむため、鼻詰まり状態になる。地上帰還時に立ちくらみを起こしやすいのは、血液を送り出す力が少なくて済むので心臓の筋肉が衰えるのが要因と考えられている。	数週間で改善する。
	【骨と筋肉への影響】 重力や運動による負荷が減るため、骨をつくる骨芽細胞の働きが低下する一方、破骨細胞は今まで通りの活動を維持する。ゆえに破骨活動が優勢となり、骨の中のカルシウムが尿や便と共に排出され、骨粗しょう症と似た症状を呈する。筋肉も負荷が減るために衰える。	軌道上でしっかり運動できた宇宙飛行士は、帰還後の筋力回復もよく、リハビリテーションプログラムの期間も短く済む。
放射線の影響	長期的には宇宙飛行士の生命を脅かす	宇宙滞在制限を設定。可能な限り被曝線量を計測する。 放射線被曝軽減のための設備を使う。
精神的・心理的影響	精神心理的健康状態の悪化は、作業効率低下や疲労などの悪影響を及ぼす。	宇宙飛行士のプライベートな精神心理面談を行う。定期的に家族と電話をする時間を設けて、宇宙飛行士の精神心理支援を行う。

　ISS搭乗中の宇宙飛行士の健康管理は、主にNASAジョンソン宇宙センターのミッション・コントロール・センターのJAXA専任のフライトサージャン（航空宇

宙医師）と、筑波宇宙センターの医療管理チームにより遠隔で実施されている。健康管理は、飛行前／飛行中／飛行後の医学データ（問診、診察、検査、各宇宙飛行士の体力、栄養状態、精神心理状態、生命維持システムの状況、放射線環境（船内／個人）、船内環境）を使って総合的に行われている。

図表 9-18 で説明した宇宙滞在に伴う人体への影響を滞在期間で図示すると図表 9-22 のように、滞在初期には様々な影響が現れる。その多くは、宇宙環境に適応できるようになるものの、骨・カルシウム代謝（骨粗しょう症のような症状）や、放射線の影響（細胞のがん化）は、滞在期間とともに、ますます悪化する。

図表 9-19 制振装置付きトレッドミル 2 でトレーニングする若田宇宙飛行士 ©JAXA/NASA

図表 9-20 自転車エルゴメータを使って運動を行う星出宇宙飛行士（飛行 8 日目）©JAXA/NASA

図表 9-21 改良型エクササイズ装置でトレーニングする若田宇宙飛行士 ©JAXA/NASA

図表 9-22 スカイラブ実験による宇宙環境の人体影響
宇宙環境の人体への経年影響。骨・カルシウム代謝と放射線影響は、宇宙滞在期間とともに増加する。

（グラフ凡例）
神経前庭系
体液シフト・電解質バランス
心循環器系
赤血球量
骨・カルシウム代謝
除脂肪体重
放射線影響

臨床症状が出るポイント
宇宙環境（OG）適応点
地球環境（1G）適応
症状の重さ
時間（月）
適応点（1.5月）

②　宇宙での無重力実験

図表 9-23 無重力環境での実験の目的と成果

実験分野・目的	研究課題・成果
【生命科学】 重力に隠されていた影響の発現や新たな能力の発見を目指す。	①無重力による筋萎縮（筋肉がやせること）の分子機構の解析。 ②筋萎縮と神経との関係、無重力の影響の解析。 ③放射線の低線量長期被曝における生物影響の解析。 ④植物の重力屈性のメカニズムと重力感受の解析。
【物質科学】 液体・気体状態で対流が抑制され、拡散みで物質や熱の輸送が行われる無重力の実験環境を用いて、結晶成長の素過程の精緻な観測と現象の理解を進め、新素材を開発する。	**【ISS での実験成果】** ①マランゴニ対流（無重力下で顕在化する流体の密度差に起因する対流現象）の結晶形成への影響調査。 ②氷結晶成長におけるパターン形成などの基礎的な物理実験。
【バイオテクノロジー】 SBDD による効率的で短期・低コストでの創薬を目指す。	筋ジストロフィー創薬が動物実験まで進行中。万能型インフルエンザ特効薬の開発に向けた宇宙実験も実施中。

計画。ミールは 1986 年から 2001 年 3 月の強制的地球落下処置までの 15 年間にわたって運用された宇宙ステーションであった。この時点でロシアはすでに、20 年以上の長期宇宙滞在の実績があった。一方のアメリカは、マーキュリー、ジェミニ、アポロ計画の後、1973 年に打ち上げたスカイラブ計画の 3 回の合計滞在日数が 171 日に到達した程度。ミール宇宙ステーションで最も顕著な成果は、ポリャコフ宇宙飛行士による 438 日の連続長期滞在記録。

● クルークォータ
ISS にある宇宙飛行士の放射線被曝を軽減するための設備。公衆電話ボックス程度の大きさ。天井と背面に 6.2cm 厚の超高分子量ポリエチレン（UHMWPE）127kg が使用され、宇宙放射線は約 9%、太陽フレアによって発生する放射線は 74% 減衰することができる。

● SBDD
疾病の多くは、タンパク質の正常な活動からの逸脱に起因すると考えられる。疾病関連タンパク質を特定し、その立体構造の解析を基に、新規薬剤を創る方法を、タンパク質立体構造情報に基づく薬剤設計（Structure Based Drug Design：SBDD）という。従来の薬剤設計では、非常に多くの化合物を生物学評価する必要があり、薬剤を見出した後も、どの方向に薬剤を改変したら良いかはっきりと分からない。SBDD は、短期間・低コストでの効率的な創薬が可能である。ISS 計画参加国中で日本が最も積極的に取り組んでいる分野。

● 液体ロケットの歴史

1903年ロシアの数学教師コンスタンチン・ツィオルコフスキーが液体燃料を用いたロケットを考案。燃料として液体酸素と液体水素を用いることを提案している。1926年3月16日、アメリカ人ロバート・ゴダードが液体酸素とガソリンを組み合わせた液体ロケットの飛行実験を世界で初めて実施した。その後1942年10月3日、本格的な液体ロケット（ドイツ軍用ミサイル：V-2）の発射を成功させたのは、後にアメリカに移住したヴェルナー・フォン・ブラウンである。

● 国内ロケットの歴史

日本での本格的なロケット開発は、1955年糸川博士によって実施されたペンシルロケットに始まる。直径1.8 cm、長さ23 cm、重さ0.2 kgのペンシルロケットに13 gの推進剤を詰め水平発射し、140 m/sの速度を達成した。

● 準天頂衛星システム
　　「みちびき」QZSS

測位の原理は最低4機からの測位信号を同時に受信するので、その地点の緯度、経度、高度、時刻を計算により推定できる。米空軍が開発したGPS（Global Positioning System）衛星は高度約2万kmに約30機の衛星を配置したシステムである。QZSSは現状軌道上に4機配置されているが、内3機は8の字軌道に8時間間隔で配置されているため、日本国内からは3機中1機しか見えない。静止軌道の1機と合わせても2機しか同時には受信できない。測位のための残り2機はGPS衛星30機中の2機と合わせて4機で位置を把握する。QZSSは2023年度中に追加3機の打上げを決定しているので、GPS衛星に頼らないでQZSSだけで同時4機の受信が可能となる。

コラム

▶▶▶ 多段式ロケットの利点

　多段式ロケットは、燃え尽きて不要になったロケットの機体を切り離していくことで機体質量を軽くして質量比を上げ、ロケット本体の速度を効率よく増していける。例えば、3段式ロケットの全質量比は、各段の質量比が同じならば質量比の3乗になる。つまり、ロケットは段を重ねることで、より速い速度が得られる。しかし、段数が増えるとシステムが複雑になり、信頼性の低下を招くおそれがあるため、2段または3段ロケットとすることが多い。なお、初期質量と最終質量の比を質量比と呼ぶ。

▶▶▶ ロケット方程式

　化学ロケットで高速に達するためには、（1）より多くの推進剤を噴出するか、（2）より高速で推進剤を噴出するか、の2通りしかない。このロケット推進の原理を表す式がロケット方程式だ。推進剤やエンジン部分やペイロード（積載部分）などすべて含めたロケットの初期質量、推進剤などを噴出し切った後の最終質量、推進剤の噴出速度、そしてロケットが獲得する速度増分Δ Vの間には、

　　　速度増分＝噴出速度× ln（初期質量／最終質量）

の関係が成り立つ。ここで ln は自然対数の記号である。

　この式から、ロケットの到達速度Δ Vを上げるためには、推進剤の割合を多くするか（初期質量／最終質量が大きくなる）、噴出速度を大きくするかとなる。

　例えば、液体水素と液体酸素を使う LE-7 エンジンの噴射速度は毎秒 4400 m ほどで、このエンジンで地球低軌道に上昇するのに必要な毎秒 10 km 程度の速度を得るには、初期質量／最終質量＝ 10 となる。言い換えれば、この場合、ロケットの初期質量の90％を推進剤が占めているということだ。ロケットが燃料を打ち上げていると言われる所以である。

Question 1

低軌道リモートセンシング衛星で利用されている太陽同期準回帰軌道について間違って述べたものはどれか。

1. 1日の間に何周も地球を回り、数日後に元の上空にもどってくる軌道
2. 1日の間に地球を1周回り、翌日元の上空にもどってくる軌道
3. 衛星に対する太陽光照射角度が年間を通じて一定である軌道
4. 世界中のどの地点から衛星を観察しても、その地点の同じ地方時に衛星が見える軌道

Question 2

準天頂衛星軌道の軌道周期（地球1周に要する時間）はどれか。

1. 10時間
2. 12時間
3. 20時間
4. 24時間

Question 3

スペースデブリについての記述で正しいのはどれか。

1. 今まで宇宙空間で衛星同士が衝突したことは一度もない
2. 日本にはスペースデブリを観測できる設備はなく、全て海外の観測網で観測されたデータを利用している
3. 10cmより大きいスペースデブリ分布を米国空軍が一般に公表している
4. 打上げられた全ての人工衛星は100年以内に全て地球に落下する

Question 4

温室効果ガス観測技術衛星「いぶき」の軌道はどれに分類されるか。

1. 静止軌道
2. 同期軌道
3. 太陽同期準回帰軌道
4. 回帰軌道

Question 5

地球の引力圏を脱出する速度は次のうちどれか。

1. 第一宇宙速度
2. 第二宇宙速度
3. 第三宇宙速度
4. 第四宇宙速度

Question 6

ISSでの長期滞在が通常6カ月程度に制限されているのは、宇宙飛行士の身体への配慮以外にも理由がある。次のうち正しいのはどれか。

1. 帰還時に使用する宇宙船の軌道上寿命の制約のため
2. 労働法による制限のため
3. ISSの食料・飲料水の備蓄量の都合
4. 宇宙飛行士の精神衛生への配慮から

Question 7

宇宙に滞在したとき、最初にあらわれるが数日で解消される身体の症状はどれか。

1. 宇宙酔い
2. 筋力の低下
3. 骨がもろくなる
4. 放射線障害

Question 8

液体ロケットと固体ロケットの違いについて正しく述べたものはどれか。

1. 液体ロケットの方が製造コストが安い
2. 液体ロケットの方が長時間の貯蔵・保存が可能
3. 固体ロケットの方が燃焼時間が長くとれる
4. 固体ロケットの方が推力を高くしやすい

Question 9

ロケットによる人工衛星の打上げサービスで正しいのはどれか。

1. 政府機関のみ実施でき、民間企業はできない
2. 日本では、政府の許認可が得られれば、民間でもサービス可能
3. ロケット打上時に失敗して地上の人やモノに損害を発生させた時の責任は全て打上事業者が負うのが世界共通のルール
4. ISSへの宇宙飛行士輸送は、ロシアしかできない

Answer 1

② 1日の間に地球を1周回り、翌日元の上空にもどってくる軌道

1日の間に地球を1周回り、翌日元の上空にもどってくる軌道は、静止軌道。太陽同期準回帰軌道は、地球が扁平であることにより、軌道の面が1年間で1周し、また数日間後に、元の軌道に戻る軌道をいう。また、衛星に対する太陽光照射角度が年間を通じて一定であることから、いつも同じ太陽光条件で地表を観察可能となる。さらに、世界中のどの地点から衛星を観察しても、その地点の同じ地方時に衛星を見ることができる。

Answer 2

④ 24時間

GPSは約12時間（高度約2万km）、準天頂衛星は静止衛星と同じく、周期は約24時間。なお、準天頂衛星は、2023年頃の最終形態は、非対称8の字軌道に4機と、静止軌道に2機、準静止軌道（若干の軌道傾斜角と離心率をもつ）に1機の7機体制となる計画である。

Answer 3

③ 10cmより大きいスペースデブリ分布を米国空軍が一般に公表している

米空軍は、10cmより大きいデブリをインターネットで公表している（Space-track.org）。衛星同士の宇宙空間での衝突事故は、2007年米国とロシアの衛星衝突事故がある。スペースデブリ観測施設は、JAXAが岡山県に望遠鏡（主に静止軌道帯を観測）、およびレーダ（主に低高度衛星を観測）を保有している。また、防衛省は静止軌道帯の観測用として、Deep Space Radarを整備中。なお、打上げられた人工衛星のうち、高度が約1000kmを超える衛星は半永久的に地表に落下することはない。

Answer 4

③ 太陽同期準回帰軌道

「いぶき」や、陸域観測技術衛星「だいち」などの地球観測衛星は、地球の表面に当たる太陽の角度が同じになる（太陽同期軌道の特性）という条件のもと、定期的に同じ地域の観測が行える軌道（準回帰軌道の特性）である「太陽同期準回帰軌道」をとる。「いぶき」は約100分で地球を1周し、回帰日数は3日である。

Answer 5

② 第二宇宙速度

地球の引力圏を脱出する速度を第二宇宙速度といい、地球表面から打ち出す場合に必要な速度は11.2 km/sである。地球を周回する軌道に乗るために必要な速度（7.9 km/s）のことを第一宇宙速度、太陽の重力を振り切り太陽系から脱出する速度（16.7 km/s）を第三宇宙速度という。第四宇宙速度は定義されていない。

Answer 6

① 帰還時に使用する宇宙船の軌道上寿命の節約のため

ISSへの乗組員の往還は、スペースシャトル引退後、ソユーズによって行われている。乗組員のISS滞在中には、乗ってきたソユーズをISSに係留しておき、帰還時には正常に作動させる必要がある。打ち上げから3カ月後（ミッション半ばの時期）には、ソユーズをテスト始動させるが、安全寿命を考慮して6カ月という制限が設けられている。ちなみにソユーズは3人乗りで、ISSには6名が常駐している。

Answer 7

① 宇宙酔い

無重力状態になり、感覚がおかしくなるがすぐ直る。また鼻がつまったり顔がむくんだりする。これは次第に体液が上にあがってくるためだが、数週間で身体が調整する。重力や運動による負荷が減り筋力が衰えるため、宇宙滞在中の専用装置でのトレーニングは必須である。骨がもろくなるのも、重力や運動による負荷が減り骨を作る活動が低下するため。放射線による障害は最初はないが、時間と共に増大していく。

Answer 8

④ 固体ロケットの方が推力を高くしやすい

固体ロケットの方が構造がシンプルなため、開発期間が短く、開発コストも安くすむ。長期間の保存も可能である。大きな推力が必要な第一段にはもってこいだが、燃焼効率においては液体ロケットに劣る。一方、液体ロケットは燃焼時間を長くでき、点火後の燃焼停止・再点火ができるため、誘導制御において優れている。

Answer 9

② 日本では、政府の許認可が得られれば、民間でもサービス可能

日本では2018年11月から「宇宙活動法」が施行され、官民問わず、ロケット打上事業者および衛星管理事業者は、申請書を提出した後、政府から許認可を得た事業者のみ宇宙活動を実行できる制度が始まっている。また、ロケット打ち上げ時に失敗して地上の人や物に損害を発生させた時の責任は、まず事業者が責任を負うが、最終的には事業者の属する政府が負うのが世界共通のルール（「第三者損害賠償制度」という）。さらに、ISSへ宇宙飛行士輸送は、ロシアのソユーズ宇宙船と、スペースシャトル退役後、米国は民間企業がサービスを提供している。

10章

宇宙における生命

太陽系の惑星の軌道、木星のガリレオ衛星の軌道と TRAPPIST-1 惑星系の軌道の大きさを比較した模式図。TRAPPIST-1（☞ p.141 プラスワン）はみずがめ座の方角にある天体で、木星程度の大きさの中心星の周囲を 7 つの惑星が公転している。そのうち 3 つの天体はハビタブルゾーン（☞ 10 章 1 節）に存在しており、液体の水をもつ可能性がある。

地球という
ゆりかごを出る日

　スペースコロニーとは、地球近傍の宇宙空間に建造された架空の巨大構造体のこと。『機動戦士ガンダム』などアニメにも多く取り上げられている。国際宇宙ステーションのような宇宙ステーションと大きく異なるのは、対称軸のまわりに回転させることで、遠心力による疑似重力を発生させ、さらに、ある程度の大きさをもたせることで、ほぼ地上と同じ生活環境を保てるようにつくられていることである。

円筒型タイプの既定値である直径 6.5 km、長さ 32 km の円筒の場合、展開すれば、20 km × 32 km の長方形になる。つまり、京都市や札幌市のような条里都市に住むのと似ているといえなくもない。想定している居住人数は 1 万人だ。周期 114 秒で自転させることによって、円筒面での遠心力がちょうど地球重力（1G）に等しくなるのである。

バナール型

トーラス型

シリンダー型

ウーベル型

主なスペースコロニーには、1929 年にベルナールが提唱した球形タイプ（バナール型）、1974 年にオニールが提唱した円筒型タイプ（シリンダー型）、1975 年にスタンフォード大学で設計されたトーラス状タイプ（トーラス型）などがある。

全人類が地球に閉じこめられているかぎり、直径10kmほどの隕石が落ちてきただけで、人類は絶滅してしまう危険性がある。人類という種の保存を長期的な観点でみれば、人類はいつの日にか、"地球というゆりかご"から出ていかなければならないだろう。pp.138-139 ©NASA、上2点 ©NASA ©Granger/PPS通信社

10章 宇宙における生命

10章

1節 系外惑星とハビタブルゾーン

> **ポイント** 宇宙には地球の他にも生命が存在する惑星があるのか？ この問いを我々人類は、古代より抱いてきた。太陽系外の恒星の周りを公転する惑星、いわゆる太陽系外惑星が見つかったのは、ようやく1995年のことである。地球のような惑星は、はたして存在するのだろうか？

- ▶ **ドップラー法** ☞用語集
- ▶ **トランジット法** ☞用語集
- ▶ **直接撮像法** ☞用語集
- ▶ **ホットジュピター** ☞用語集
- ▶ **マルチプラネット** ☞用語集
- ▶ **エキセントリックプラネット** ☞用語集

▶ **地球に似た惑星？**
ケプラー62f（上）はハビタブルゾーンの内部にある、地球によく似た惑星だと想像されている。ケプラー22b（下）は表面に液体の水が存在する可能性がある。図はどちらも想像図。

© NASA

© NASA/Ames/JPL-Caltech

▶ **スーパーアース**
☞用語集

🌏 系外惑星の発見

　他の惑星系の存在については、古来、大きな疑問の1つであった。何十年も精力的に系外惑星の探索を進めていたアメリカのグループが「系外惑星は存在しない」と発表した直後の1995年、皮肉にもヨーロッパのグループによって系外惑星が発見された。

　最初に発見された系外惑星は、地球から42光年の距離にあるペガスス座51番星である。恒星（親星）が発する光のドップラー効果の変動をとらえる観測から、親星が約4.2日の周期でふらついていることがわかった。その後、発見ラッシュとなった系外惑星の数は確実なものだけでも4400個を超え（2021年2月現在）、惑星というものは宇宙に普遍的に存在することがわかった。一方、なかには、彗星のようなつぶれた楕円軌道をもつ惑星や連星系の周りを回る惑星など千姿万態であり、大多数の系外惑星が我々の太陽系とは異なる姿を示すことが判明した。これら多彩な系外惑星の成り立ちについては、まだはっきりと解明されていない。

　しかし、百聞は一見に如かず。姿を直接とらえる直接撮像法で追観測されると、動かし難い証拠といえる。今後、補

図表 10-1 系外惑星の発見年（横軸）と発見数および発見法（縦軸）。最初の頃はドップラー法による発見が主だったが、ケプラー衛星の精密観測によって近年はトランジット法による発見が激増した。

償光学や大望遠鏡等の技術が進むと新たな直接撮像による惑星が増えるとともに、"GAIA"宇宙望遠鏡によるアストロメトリー（位置測定）法による軽い惑星の発見増加が期待される。

❷ 岩石惑星、そして、第二の地球へ

系外惑星探索で最も威力を発揮しているドップラー法では、親星の近くにある惑星や質量が大きい惑星の方が発見しやすい。したがって、発見されている惑星の多くは巨大なガス惑星や氷惑星であり、生命が存在するのは難しいだろう。しかしここ数年、地球の数倍の質量をもつ惑星、いわゆる**スーパーアース**が明らかになってきた。特に、トランジット法で見つかったコロー 7bやケプラー 10bは、地球の 1 〜 2 倍ほどの大きさ・密度をもつと推測されている。ただし、これらは親星に近すぎるため、惑星表面温度は 1000 K を超し、暑すぎて生命が存在するのはやはり難しいだろうと考えられる。

では、生命が存在するために必要な条件とは何だろうか? 鍵となるのは、「液体の水」である。意外なことに酸素は必要条件ではない（地球の場合、むしろ生命が存在した結果、大量の酸素を含む大気が形成されたと考えられている）。親星の周辺で、水が液体として存在できる領域を、**ハビタブルゾーン（生命居住可能領域**☞用語集）といい、現在の太陽系では唯一地球だけが位置する。天文学者たちは、ハビタブルゾーンに位置する惑星（第二の地球）を必死に探しており、その候補となる惑星はいくつか見つかり始めている。

図表 10-2 太陽系とグリーゼ 581 のハビタブルゾーン比較。中心の恒星の質量、温度によってハビタブルゾーンの場所は変わる。

図表 10-3 ハビタブルゾーンに位置する系外惑星の候補

惑星名	親星のタイプ／表面温度 [K]	公転半径 [au]	推定温度 [K]
ケプラー 22b	G5V ／ 5518	0.85	262 − 295
ケプラー 61b	／ 4017	0.26	
ケプラー 62e	／ 4925	0.43	
ケプラー 62f	／ 4925	0.72	208
ケプラー 186f	／ 3788	0.36	

図表 10-4 ハビタブルゾーンの惑星

プラスワン

b からはじまる
連星では星の名前に A や B をつけて区別する。それに準じて、系外惑星の名前は、親星の名前に小文字の bcd などをつけて表す（a はない）。

プラスワン

短い方がいい!
太陽系外惑星（extrasolar planet）は、ふだんは系外惑星（exoplanet）と短く呼ばれることが多い。シンプルな方が呼びやすいのである。

プラスワン

ハビタブルゾーンにある惑星?
2017 年、地球から 39 光年の距離にある TRAPPIST-1 と呼ばれる星の周りに、7 つの地球サイズの惑星が見つかった。うち、3つはハビタブルゾーンにあり、液体の水をもつ可能性がある。親星は太陽の 8％ほどの重さしかなく、褐色矮星との境界といえる恒星である。大きさはむしろ木星と近いほどだ。そのため、親星からの光エネルギーは太陽より弱く、液体の水をもてる可能性が太陽系の水星より内側にくる。地上の 60 cm 望遠鏡を用いたトランジット法により、7 つのうちの一惑星を発見したことをきっかけに、続々と他の惑星が見つかった。今後が期待される。

上から、木星とガリレオ衛星、TRAPPIST-1、太陽系の大きさ比べ。©ESO/O. Furtak

2節 地球生命とレッドエッジ

> **ポイント** 生物の体はアミノ酸からなるタンパク質でできており、生体構造などの設計図である遺伝情報は RNA や DNA などの核酸が伝達している。たった4種類の塩基の並びで決まる遺伝情報が、たった20種類のアミノ酸を結びつけ、複雑な生体を造りあげている。このような地球生命は、宇宙からはどう見えるのだろうか。

▶ **有機物質** ☞用語集

▶ **光合成** ☞用語集

▶ **フォンノイマンマシン** ☞用語集

▶ **RNA の 4 種類の塩基** アデニン（A）、ウラシル（U）、グアニン（G）、シトシン（C）

▶ **DNA の 4 種類の塩基** アデニン（A）、チミン（T）、グアニン（G）、シトシン（C）

プラスワン

組み合わせはいくつ？
ヌクレオチドの塩基が、AAA とか AAG とか3つ並んだ並び方が最小単位の遺伝情報（コドン）を構成し、この組み合わせが1つのアミノ酸を指定する。4種類の塩基から64通りの並び方が作れるので、20種類のアミノ酸には十分対応できる。実際には、異なる並び方が同じアミノ酸を指定したり、色々な冗長性がある。

▶ **還元大気と酸素大気** ☞用語集

① 生物の3条件

　生命とは何か、生物とは何か、生物と無生物の境界がどこかは、現在でもきちんと答えるのが難しい問題だ。一般的には、生命とは、以下の機能をもった有機物質とされるだろう。

・外界と境界によって隔てられた細胞のような**構成単位**をもつ
・外界から物質やエネルギーを取り込み**物質代謝**する
・自分自身と（ほぼ）同じものを**自己複製**し**自己増殖**する

　細菌のような単細胞生物にせよ、細胞の働きが分化した多細胞生物にせよ、生物と呼ばれるものはこれら3つの性質をそなえている。一方、核酸とそれを包むタンパク質の殻からなるウイルスは、細胞のような構成単位はないし、自分自身では代謝をせず、他の生物の細胞を利用して増殖する。しかし、自己複製ができるという生物特有の性質をもっているので、生物と無生物の境界的存在と考えられる。

図表 10-5 ウイルスの構造

図表 10-6 植物細胞の構造と動物細胞の構造

② 生体構造をつくるタンパク質と遺伝情報を担う核酸

生物の体を形作っているのは主に**タンパク質**だが、そのタンパク質は**アミノ酸**が結合してできた高分子化合物だ。アミノ酸はたった20種類しかないが、様々な組み合わせで、多種多様なタンパク質を形成しているのだ。さらにタンパク質は、生体構造をつくる基本要素であると同時に、酵素やホルモンなど生体機能も司っている。

一方、生物の遺伝情報を担っているのは、**リボ核酸 RNA** や**デオキシリボ核酸 DNA**だ。これらの核酸は、糖やリン酸や塩基が結びついた高分子化合物である。糖にリン酸と塩基が結びついて**ヌクレオチド**と呼ばれる構造単位となり、多数のヌクレオチドが連なって、RNA や DNA を形成している。この連なりの中の塩基の並びによって、生命の遺伝情報が伝えられている。

図表 10-7 核酸 DNA の二重らせん構造

③ 生命の徴、レッドエッジ

地球の生命は、ふんだんにある太陽光を生体活動に利用するために、**光合成**を行うようになった。地球植物の葉緑体は、赤色領域の光を最もよく吸収する（赤色を吸収するので反射光は補色の緑色になっている）。したがって、地球の植生の反射率は、赤色で小さく、赤色の端付近（680～750nm付近）で反射率がシャープに増加する。これを**レッドエッジ**と呼ぶ。もし太陽のようなG型星のまわりの系外惑星で、スペクトルにレッドエッジが見つかれば、その惑星は緑の植物に覆われているのかもしれない。

図表 10-8 植生の反射率には、可視光の赤色側と赤外線の境界付近（0.7μm＝700 nm付近）で、鋭い端（レッドエッジ）が顕著に見られる（出典：Seager 他 2005）。

プラスワン

タンパク質に必要な情報は？
さらに20種類のアミノ酸が色々な順序で結合して、あるタンパク質の構造や働きが決まる。タンパク質は平均300個のアミノ酸からできているので（たとえば赤血球のヘモグロビンは574個のアミノ酸からできている）、約900個の塩基配列が、いわば1つのタンパク質を合成するための遺伝子に相当する。

プラスワン

無駄だらけのヒト DNA
ヒトの DNA は幅2nm 長さ1.8m もの細い紐状で、そこに含まれるヌクレオチドは約30億対もある。したがって、ヒトの DNA は30億÷900＝約300万種類の遺伝子をもちうる。しかし、ヒトの遺伝子は約2万種類ほどしかなく、DNA の運ぶ情報のうち数％しか使われていない！

▶ **バイオマーカー**
地球大気中の酸素（やオゾン）は、光合成生物がつくり出したものだ。系外惑星の大気を調べて、そのスペクトル中にオゾンの吸収線が見つかれば、生命が存在する徴と見なすことができるだろう。バイオマーカーと呼ぶ。

▶ **太陽の色は白**
教科書では太陽の色は"黄白色"と書いてあることが多いが、これは間違いで、太陽の色は完全な"白色"あるいは"無色"である。太陽光のもとで進化した生命は、太陽の光を無刺激な色（白色）として感じるように進化したと考えられる。逆に、赤色矮星のもとで進化した生命は、赤い色を無色（白色）と感じるだろう。

10章

宇宙における生命

生命の起源とアストロバイオロジー

ポイント 現在の地球は多種多様な生命に満ち溢れている。生体構造の近縁性や遺伝情報の分析によって、これら地球上の生命がどのように進化してきたか、さらにはどのように発生したかなどについての解明が進んだ。地上の生命は、約38億年前に、酸素のほとんどない状態で、きわめて高温の環境下で発生したと考えられている。

▶ 原核生物 ☞ 用語集

▶ 真核生物 ☞ 用語集

プラスワン

共生する

ミトコンドリアは真核生物の細胞内に存在するエネルギー発生に関係する小器官だ。細胞核のDNAとは別に、ミトコンドリア自体も独自のDNAをもっている。かつて、ミトコンドリアと母細胞は別種の生物だったものが、進化の過程で共生し、1つの生物になったものらしい。植物細胞に存在する葉緑体も同じように共生したもののようだ。生物進化の過程では、何度もこのような共生が起こったのだろう。

プラスワン

単細胞は不死

多細胞生物のDNAは鎖状で、細胞分裂のたびにテロメアと呼ばれる末端部分が欠損していくため、60回程度で細胞分裂がストップする。一方、単細胞生物のDNAは環状であり、分裂回数の限界はない。不死になりたければ、単細胞生物になるといい。

① 生命の系統樹

分子生物学の発達によって、現在では遺伝子レベルで生物の進化過程がわかってきている。そして現在の生物界は、**真正細菌（バクテリア）、古細菌（アーキア）、真核生物（ユーカリア）**という、3つの超界（ドメイン）に分けられている。真正細菌も古細菌も、細胞組織としては細胞内に核をもたない原核生物だ。そのため、かつては同じ系統だと考えられていたが、リボソームRNA遺伝子の比較から、真正細菌と真核生物が違うくらい、真正細菌と古細菌も違うことがわかった。しかも、系統樹の上では、古細菌は真正細菌よりも真核生物に近い。なお、細胞内に核をもつ真核生物の枝には、粘菌、菌類、植物、動物の小枝があり、動物の小枝の哺乳類の細い枝のさらに先に、人類というトゲが出かけている。

図表 10-9 生命の系統樹
細胞に存在するリボソームのRNA遺伝子から、現生生物の系統関係を調べて並べたもの。現生生物は大きく、真正細菌、古細菌、真核生物にわかれる。光合成生物のいる細菌は青地で、メタン生成古細菌は黄色地で表してある。古細菌や真核生物の根元付近の太い枝は、超好熱菌を表す。参考までにいくつかの名前も書いてあるが、細かい名前は検定範囲外（カール・ステッターの描いた系統樹を改変）。

この生命の系統樹を遡って調べていくと、根元あたりの生物はすべて、酸素を嫌う嫌気性で高温環境下が好きな**超好熱菌**であることがわかった。生命が誕生した頃の約38億年前頃の地球は、後代の生命では生存できないほど高温の環境だったと推測されている。

いずれにせよ、原始地球の過酷な環境の中で、生命の発生自体は、何度も繰り返し起こったことだろう。そして発生した生命のほとんどは、そのまま死に絶えてしまったが、約38億年前に発生した生命がようやく生きながらえて、多種多様な地球生命に進化したのだと考えられる。そしてさらに多くの試行錯誤と偶然の結果、我々人類がここにいるのだろう。

図表10-10 地球と生命の共進化。原始地球の大気は二酸化炭素が大部分で酸素はなかった。生命が発生し、さらに光合成細菌が出現して、酸素を作り始めた。酸素は最初のうちは海水中の鉄イオンと反応して酸化鉄となり、海底に沈殿して後の縞状鉄鉱床となった。数億年後、海水中の鉄イオンがなくなると、光合成で発生した酸素は大気中に放出された。そして大気上空でオゾン層ができると、生命が陸上に進出できるようになった。
丸山茂徳・磯崎行雄著『生命と地球の歴史』岩波書店、1998年より改変

② アストロバイオロジー（宇宙生物学）

宇宙における生物の存在や生命の起源を探る学問領域として、宇宙生物学（アストロバイオロジー）あるいは生物天文学（バイオアストロノミー）という言葉や学問領域自体は、かなり古くからあって、20世紀後半から種々の議論がされてきた。1995年の系外惑星の発見によって、現実味が非常に高くなり、系外惑星の研究などでは、生物学の知識なども必要とされるようになってきた。そもそも、天文学の究極の目標は、宇宙の起源から生命の発生まで連綿と続く宇宙の歴史を明らかにすることなのだから、最初から、宇宙と生命は切っても切り離せない間柄なのである。

▶ **地球と生命の共進化**

生物の進化の過程で、生物は地球環境から大きく影響を受け、同時に地球環境へも作用してきた。その代表が酸素大気だ。最初の生物が生まれてから10億年ぐらいいたって、最初の光合成生物シアノバクテリアが生まれた。シアノバクテリアは光合成によって有機物を合成する一方で、酸素呼吸によってそれ以前の方法よりもはるかに高い効率でエネルギーを得ることができた。シアノバクテリアの出現によって、生命は地球環境へも介入し始めた。地球の酸素は生物がつくったものなのだ。こうして、地球と生命の共進化が始まった。現在では、地球上の生物個体数は10^{29}、植物の全重量は約1兆トンと見積もられている。

シアノバクテリア © 埼玉大学理学部分子生物学科

プラスワン

酸素濃度が一定の理由
現在でも光合成で酸素はどんどん放出されているが、酸素濃度は増加せず21%（容積比）で一定になっている。なぜだろうか。現在の酸素濃度でも乾いた樹木はしばしば自然発火するのだが、酸素濃度が1%増加しただけで湿った樹木まで自然発火し、大規模な森林火災を引き起こす。その結果、酸素が消費されて酸素濃度が下がるのだ。このような負のフィードバックも、地球と生命の共進化の1つである。

側注

▶ D型とL型

D型（右手型）とL型（左手型）は、化学的には同じ分子だが、分子の立体構造だけが鏡映対称になっている。

オーストラリアの縞状鉄鉱床。光合成生物が発生した酸素は、最初のうちは炭素や鉄を酸化するのに使われ、7、8億年経ってから、ようやく酸素大気として蓄積し始めた。出典：理科教材データベース（岐阜大学）。

プラスワン

D/Lの名前の由来

D型は右旋性（dextrorotatory）から、またL型は左旋性（levorotatory）から。

プラスワン

D型L型と老化

L型アミノ酸が結合したタンパク質はαヘリックスと呼ばれるらせん構造をつくるが、ここにD型アミノ酸が混入すると規則的ならせん構造ができなくなる。一方、老化に伴って、生体内でL型アミノ酸がD型に変わってしまうことがある。アミノ酸の構造と老化との関係も議論が進んでいる。

▶ ホモキラリティー
🔖 用語集

▶▶▶ 宇宙の生命は非対称か？

アミノ酸や核酸などある種の有機分子には、立体構造のみが鏡映対称な**D型**と**L型**というタイプが存在することがある。このD型とL型とでは、構成している原子の種類や数は全く同じで物理的・化学的性質もほぼ同じなのだが、分子の立体構造だけが鏡に映したように対称的な構造をしているのだ。

奇妙なことに、人や生物など生体のタンパク質はアミノ酸分子でできているが、特にL型アミノ酸と呼ばれるタイプのアミノ酸のみでできている。逆に、生体の遺伝子情報を担う核酸はD型リボース（糖類）のみでできている。

D型とL型の分子は、化学的性質はほぼ同じなので、たとえば、試験管の中でこれらの有機分子を化学合成すると、D型とL型が1：1の割合で合成される。

ところが生体内部での合成では、D型かL型のどちらかだけが生成される。具体的には、たとえば、生物はL型（左手型）のアミノ酸だけを使っている。その結果、酵素はある特定の立体構造をとることができ、外部から摂取したL型アミノ酸でできたタンパク質を分解し、生体に吸収できる（逆に、D型アミノ酸は扱えない）。そして様々な酵素反応など生命現象の基礎反応が可能になっている。また同じく、生物はD型の核酸だけ使っているので、有名な二重らせん構造をとることが可能になり、生命の基本情報である遺伝情報を伝えることが可能になっている。D型とL型の核酸が混ざっていれば、らせんはもつれあい、DNAの複製はできないだろう。

もしL型とD型が等量混ざっていたら、このような秩序だった性質は失われ、生体反応も生体情報も失われてしまうだろう。生命誕生の始原時代に、L型アミノ酸とD型核酸が選択されたそのことが、生命発生の秘密であり鍵なのである。

地球生命において、片方のタイプが選択された理由はまだ解明されていない。最近の研究では、特殊な状態の光である円偏光がD型とL型の合成に影響を与えて非対称性を作ることがわかってきた。原始地球ないしは、それ以前に宇宙空間で有機物質が合成されたときなどに、偏光によって、非対称性という生命への鍵が仕込まれていたのかもしれない。

Question 1

生命が発生したのは地球誕生後、何億年ごろか。

1. 1 億年以内
2. 8 億年ごろ
3. 19 億年ごろ
4. 25 億年ごろ

Question 2

太陽のような主系列星の周りで、世界で最初に太陽系外惑星が発見されたのはいつか。

1. 1960 年
2. 1987 年
3. 1995 年
4. 2003 年

Question 3

系外惑星の探査法のうち、ドップラー法はどれか。

1. 親星が発する光の波長の変動を観測する
2. 惑星が親星の前面を通過する際に、親星がわずかに暗くなる食減光を観測する
3. 明るい親星の光を遮って近くにある暗い惑星を浮かび上がらせる
4. 地球大気のゆらぎによる像の広がりを補正して小さな惑星を観測する

Question 4

ハビタブルゾーンの外側端（図の赤線上）にある系外惑星では、水の温度は、およそ何度になると推定されているか。

1. − 50℃
2. 0℃
3. 50℃
4. 100℃

Question 5

ウイルスは純粋な生物とは見なされない。それはなぜか。

1. 非常に小さいから
2. 核酸をもっていないから
3. 代謝をしないから
4. 増殖しないから

Question 6

生物の材料であるアミノ酸には D 型と L 型がある。地球上の生物を形成するアミノ酸にみられる特徴はどれか。

1. D 型と L 型はちょうど半数ずつある。
2. すべての生物は L 型のアミノ酸でできている。
3. すべての生物は D 型のアミノ酸でできている。
4. 1 つの生物に必ず両型のアミノ酸があるが、割合はまちまちである

Question 7

次の図は、地球の植生の反射率を表している。肉眼でみえる可視光領域は主に、380nm から 780nm ぐらいである。図の可視光領域で読み取れることは何か。

1. 植物は可視光の波長全体で 90％以上の光を吸収している
2. 葉緑体によって緑色の光は最も吸収される
3. 可視光領域では波長が長いほど吸収が強い
4. 可視光領域では波長が長いほど反射が強い

Question 8

生命の系統樹の根に近いところにある、原始生命は次のうちどれにあたるか。

1. 超高熱菌
2. 超好熱菌
3. 超嫌気菌
4. 超低熱菌

Question 9

次のうち、有機物質に分類されないものはどれか。

1. アミノ酸
2. アデニン
3. タンパク質
4. 二酸化炭素

Question 10

スーパーアースとは何か。

1. 地球よりも生命にあふれた可能性がある惑星
2. 地球の数倍程度の質量をもつ惑星
3. 地球よりも古い時代にできたと思われる惑星
4. ハビタブルゾーンにある地球型の惑星

Answer 1

② 8億年ごろ

1億年以内はさすがに無理だが、痕跡が見つかっているのが8億年後（38億年前）で、実際には生命の発生はもっと前だっただろう。19億年後（27億年前）に最初の光合成生物が発生し、19億年前〜21億年前（25億年後）ぐらいにかけて、酸素大気が形成されたと考えられている。

Answer 2

③ 1995年

1995年、ジュネーブ大学のミシェル・マイヨール氏と博士課程の学生だったディディエ・ケロズ氏は、地球からおよそ42光年離れた恒星の周りを回る惑星を世界で初めて発見した。その恒星は、ペガスス座の51番星。

Answer 3

① 親星が発する光の波長の変動を観測する

②はトランジット法、③は直接観測法のひとつで恒星コロナグラフ。④は大気のゆらぎを補正する補償光学で、系外惑星に限らずシャープな天体像を得るために使われる。

Answer 4

② 0℃

ハビタブルゾーンは、系外惑星上で、水が液体として存在できる領域で、内側端では100℃、外側端で0℃になる。

Answer 5

③ 代謝をしないから

ウイルスは核酸とそれを包むタンパク質の殻からなっている。人間などの生体に入ると、自分の核酸を細胞に注入し、増殖する。代謝はせず、自力で増殖もできない。そのため生物とは言い切れないが、機械とも鉱物ともいえない。

Answer 6

② すべての生物はL型のアミノ酸でできている。

片方の型だけでできているために、大きな構造をつくることができている。単なる偶然というだけでなく、生物が生物たるために重要な要素であるといえる。

Answer 7

① 植物は可視光の波長全体で90%以上の光を吸収している

可視光の範囲はμmに変換すると、0.38μmから0.78μmぐらいになる。図の横軸は波長なので、図では左の方で縦軸の値が10以下の部分だ。図の縦軸は植生の反射率なので、可視光領域では全体的に反射率が10%以下であることがわかる。反射率が10%以下ということは、逆に、吸収率は90%以上ということを意味する。

Answer 8

② 超好熱菌

90℃以上の高熱でも生育できる微生物を総称して超好熱菌と呼ぶ。現在の生物を分子系統的に分類したときに、その系統樹の根に近いところにあらわれるのが超好熱菌で、生命が高温環境下で誕生したことを示唆している。

Answer 9

④ 二酸化炭素

有機物質は炭素原子を分子骨格とする化合物の総称であるが、慣習上無機化合物とされるいくつかの例外がある。二酸化炭素もその1つだ。近年活発になっているアストロバイオロジー分野では、生命材料となり得る有機物質を宇宙空間に探す研究が進行している。

Answer 10

② 地球の数倍程度の質量をもつ惑星

スーパーアースの定義は、質量によるもので、生命がいるか、ハビタブルゾーンにあるかどうかは必ずしも問わない。年齢も関係ない。太陽系外惑星を見つけるドップラー法とトランジット法を組み合わせると、惑星の質量と大きさがわかる（p.140参照）。最近は、ケプラー宇宙望遠鏡によってスーパーアースが続々と見つかっており、中にはハビタブルブルゾーンにあるかもしれない惑星も見つかり始めている。

★ おまけコラム ★

ハビタブルゾーンの計算式1

親星の光度をL_*、惑星の軌道半径をr、惑星表面のアルベド（反射能）をA、そしてステファン・ボルツマンの定数をσ（＝5.67×10^{-8} W m^{-2} K^4）とすると、親星からの照射と惑星表面の放射の釣り合いで決まる、惑星表面の放射平衡温度Tは、

$$T = \left[(1-A) \frac{L_*}{16\pi\sigma r^2} \right]^{1/4}$$

と表すことができる。この温度が273 K（0℃）から373 K（100℃）の範囲がハビタブルゾーンとなる。

$$r = \left[(1-A) \frac{L_*}{16\pi\sigma T^4} \right]^{1/2}$$

と変形すれば、軌道半径が直接に求められる。

ハビタブルゾーンの計算式2

親星の半径をR_*、表面温度をT_*とすれば、ステファン・ボルツマンの法則から、$L_* = 4\pi R_*^2 \sigma T_*^4$となるので、先の関係式に入れると、

$$T = T_*(1-A)^{1/4}\sqrt{\frac{R_*}{2r}}$$

という、よりシンプルな関係が得られる。あるいは、逆に解けば、

$$r = R_*\sqrt{1-A}\,\frac{T_*^2}{2T^2}$$

となる。

用語集

あ行

明るさの絶対値→絶対等級

アレシボメッセージ
1974年11月16日に、プエルトリコのアレシボ天文台の305m巨大電波望遠鏡から、2万5000光年離れたヘルクレス座球状星団M13へ向け、2380MHzの振動数で約3分間にわたり、初めて電波メッセージが発信された。カール・セーガンらが中心となって作成したメッセージは、素数・DNA・人間・太陽系などを表す内容で、2進数を利用した絵で表した。

インフレーション
時空の比較的ゆっくりとした膨張（ハッブル‐ルメートルの法則に沿う膨張）であるビッグバン膨張以前に起こった、時空の指数関数的な急膨張のこと。約10^{-44}秒の間に、時間と共に倍々ゲームのように急激に膨張した。またその時代をインフレーション宇宙と呼ぶ。

渦巻銀河
中心部に球状に星が分布するバルジと、その周囲に円盤状に星が分布する構造をもち、円盤内に渦巻構造が見られる銀河。その円盤部は正面から見ると円形状に見え、横から見ると板状に見える。なお、円盤部に渦巻が見られるが、バルジが棒状になっているものは棒渦巻銀河と呼ばれ、渦巻銀河と区別される。

宇宙の再電離
ビッグバンから約38万年後に起こった宇宙の晴れ上がりによって、それ以前は電離していた物質は、いったん中性状態になった。しかし、現在の銀河間物質はほぼ電離状態なので、ビッグバンから約2億年後ぐらいに誕生した初代の天体によって、物質は再び電離したと考えられている。これを宇宙の再電離と呼ぶ。

Hα線
水素原子（H）の生じる波長656.3nmの吸収線や輝線。水素原子には、Hαの他にもHβ（486.1nm）、Hγ（434.0nm）…などがあり、これらはバルマー線と呼ばれる。

エキセントリックプラネット
太陽系の惑星の軌道は真円に近いが、系外惑星の中には、非常に細長い楕円軌道を回っているものもある。そのような系外惑星をエキセントリックプラネット（長楕円軌道惑星）と呼ぶ。

エッジワース・カイパーベルト
海王星よりも遠くに、たくさんの小天体がベルト状に分布している領域。1950年前後にケネス・エッジワースとジェラルド・カイパーが提唱してから42年後の1992年に初めて天体が発見された。最近では、惑星の軌道面付近のベルト領域におさまらない天体も発見されてきたため、海王星より遠い天体をまとめて「太陽系外縁天体」と呼ぶことが多い。

遠日点・近日点
惑星は太陽を中心とした円軌道ではなく、太陽を1つの焦点とした楕円軌道を描いて公転している。そのため、惑星と太陽との間の距離は常に変化している。惑星の軌道上で、太陽から最も遠い位置を遠日点、最も近い点を近日点という。

オールトの雲
オランダの天文学者ヤン・オールトが考えたのでこう呼ばれる。200年以上の長い周期で公転する彗星が、どこから来たのか調べたところ、数万天文単位もの遠くからやってくることがわかった。地球からあまりにも遠いため、オールトの雲にある彗星を直接見ることはできないが、彗星の軌道を計算することで、間接的にその存在がわかる。

オズマ計画
1960年4月11日早朝、フランク・ドレークが、西バージニア州グリーンバンクにある26m電波望遠鏡を用いて、宇宙人からの通信を受けようと試みた。このとき、電波望遠鏡は、太陽近傍にある太陽によく似た2つの恒星（エリダヌス座ε星、くじら座τ星）に向けられた。受信はできなかったが、このオズマ計画が、史上初めて実行された宇宙人探索計画である。

か行

▶ ガウス
磁力の強さを表す単位。赤道付近の地磁気の強さは約0.3ガウス、棒磁石は約2000ガウス。

▶ 褐色矮星
質量が太陽の0.08倍（木星の質量の80倍）以下であると、中心温度が1000万度まで上昇しないために、水素の核融合反応が安定して起こらない。このように、自らの核エネルギーで光り輝くことのできない天体を「褐色矮星」と呼ぶ。非常に低温の暗い天体である。この天体は誕生時に、1個の陽子と電子から構成される水素の同位体である重水素（1個の中性子、陽子、電子から構成される）の核融合が起こり、その後は、収縮による重力エネルギーによって輝くが、やがて重力エネルギーを使い果たすと、さらに低温の暗黒天体になってしまうと考えられている。

世界で最初に発見された褐色矮星グリーゼ229B。左右の画像の中央に写る小さな天体がグリーゼ229Bである。中心星の明るい光を隠す観測から、近くにあるより暗い、つまり軽い天体の褐色矮星が見つかった。©Caltech/NASA

▶ 還元大気と酸素大気
生命誕生前の原始地球の大気は、水素や窒素などを主成分とする還元的な大気であったという説がある。この説は生命誕生には好都合である。一方、還元的な気体の多くは光化学的に不安定であり、原始大気には二酸化炭素が豊富にあったという説もある。いずれにせよ酸素は現在と比べて、ほとんどなかったと考えられている。生命が誕生し、二酸化炭素を酸素に変える光合成生物まで進化すると、大量に酸素大気ができると考えられる。

▶ 軌道長半径
惑星の楕円軌道は近日点と遠日点を結ぶ方向に長く伸びている（☞ 図表3-4）。この2点を結ぶ直線の半分の長さを軌道長半径という。平均距離とも呼ぶ。

▶ 逆行→順行

▶ 吸収線・輝線
太陽の光を長い虹に分けてみると、黒い線が現れる。ひとつひとつの線は、様々な元素が元素特有の波長の光を吸収するため暗くなっているもので、吸収線と呼ばれる。反対に、元素が元素特有の波長の光を放射して明るい線となっているものを輝線という。

太陽のスペクトル © 兵庫県立大学西はりま天文台

▶ 旧暦
旧暦（太陰太陽暦）は、1カ月を月の満ち欠けで定め、暦と季節のずれは閏月で調整する暦で、日本では明治初期まで使われていた。1カ月は、新月を月はじめの1日（朔日、ついたち）とし、次の新月の前日を月末（晦日、三十日とも書く）とする。新月から新月は29.5306（朔望月）なので、1カ月は大の月（30日）と小の月（29日）のいずれかになる。1年は12カ月とするが、このままだと年初がずれていくので約3年に1度閏月を挿入する必要がある。閏月の入る年は1年が13カ月となる。

▶ 近日点→遠日点

▶ クェーサー
銀河の中心核から非常に強い放射が出ているものを活動銀河中心核という。その活動銀河中心核のうち、最大級の放射の強さを示すものをクェーサーと呼ぶ。銀河形成の初期に見られると考えられている。

▶ グレゴリオ暦
1年を365.2425日とする暦で、1582年にローマ教皇グレゴリオス13世が制定した暦。日本も含め世界の多くの国で現在使用されている。暦と季節のずれは閏日（2月29日）を挿入して1年を366日とする閏年を設けることで調整する。閏年は西暦が4で割り切れるときに設け、それ以外の年は2月は28日までで1年は365日である。ただし例外規定があって、100で割り切れる年には閏年とせず、そのうちの400で割り切れる年は閏年とする。現在の平均太陽年365.2422日との差は3300年で1日しかずれないという精度である。

原核生物

細胞内に核をもたない生物。遺伝情報を担うDNAは細胞内に散らばっている。

合

惑星が地球から見て太陽と同じ方向にあるときを合という。このとき、外惑星は太陽の向こう側にあるが、内惑星は太陽の向こう側にある外合と、太陽の手前に来る内合がある。いずれのときも、太陽と同じ方向にあるため、惑星を見ることはできない。

光球

太陽を可視光（正確には500 nmの波長の光）で観測したときに、不透明になる場所のこと。厚さが約500 kmある太陽の表層領域。

光合成

植物細胞内の葉緑体では、光化学反応によって、光エネルギーを生体で使用する化学エネルギーに変換している。すなわち、光エネルギーを使って、水と二酸化炭素から、炭水化物を合成している。この生化学反応を光合成と呼ぶ。また光合成の過程で、副産物として酸素が生成され放出される。

降着円盤

原始星・白色矮星・中性子星・ブラックホールなどの中心天体の周りに、周囲から降り注いできたガスによって形成されたガス円盤の総称。原始星活動や激変星（白色矮星の場合）、X線連星（中性子星あるいはブラックホールの場合）、そして活動銀河（巨大ブラックホールの場合）など、宇宙における様々な活動現象の黒幕となっている。

コロナ

太陽を取り巻く高温のプラズマガス。プラズマ状態にあるため太陽の磁場の影響を受けて、筋状やループ状の構造として観測される。太陽表面の活動は磁場に支配されているので、コロナ中の磁場の観測は、太陽活動の研究には欠かせない。

©SDO/NASA

コロナホール

X線で見る太陽表面に、X線を放たず黒くなっている部分がある。ここをコロナホールと呼ぶ。コロナホールは太陽の磁場が開いた場所であり、300 km/sに及ぶ高速の太陽風の吹き出し口となっている（☞ p.30 プラスワン）コロナホールをX線で詳しく観測すると、直径数千kmの小さな輝点が多数見られる。これはX線輝点というコロナに浮上した磁気ループ構造である。

©NASA/SDO

さ行

彩層

太陽光球上空の高度約2000 km～1万kmの領域。温度は光球上端（彩層の下端）の約4000 Kから数万Kまで上昇して、さらに上空のコロナへ続く。様々な太陽表面現象が見られる。

三角測量

離れた2地点から同じ物体を見たときの視差を利用した距離の測り方を三角測量という。2地点間の距離は既知であることが前提で、縮尺図を書くか、三角関数を用いた計算で物体までの距離を求める。視差が小さいほど距離が遠い。

事象の地平面

地平面（ブラックホールの境界面）の彼方の事象（ものごと）は見えなくなるという意味で、ブラックホールの境界面を事象の地平面と呼ぶ。漢字では難しいイメージだが、英語ではイベント・ホライズンという日常用語をつなげたもの。

視直径

天体の見かけの直径を視直径といい、角度で表す。天体の実際の大きさが大きいほど、また地球からの距離が近いほど視直径は大きい。太陽、月の視直径はおよそ30′（0.5°）である。

周期彗星

太陽の周りを周期的に公転する彗星。公転周期は数年の短いものから数百年以上

という長いものまで様々であるが、軌道が変化して二度と戻ってこないものもある。周期が 200 年より短い彗星を「短周期彗星」、それより長い彗星を「長周期彗星」という。

▶ 重力（万有引力）

質量をもった物体がお互いに引き寄せ合う力のこと。重力の大きさは物体の質量の積に比例し、距離の 2 乗に反比例する。

▶ 順行・逆行・留

惑星が星座の中を西から東へ毎日少しずつ移動するときを「順行」、東から西へ移動する時を「逆行」、順行から逆行、または逆行から順行に変わる時を「留」という。惑星の運動は、通常順行である。しかし、惑星の公転のスピードは、太陽に近い惑星ほど速い。そのため、水星・金星は地球を定期的に追い越し、地球は火星、木星、土星などの外惑星を定期的に追い越す。そのとき、惑星の運動は逆行となる。

▶ 衝

外惑星が地球をはさんで太陽と正反対の位置にあるときを衝という。

▶ 焦点

楕円軌道は近日点と遠日点を結ぶ方向に長く伸びておりこれを長軸という（☞図表3-4）。太陽は長軸上にあるが、その中心には位置しない。太陽の位置を焦点と呼び、長軸の中心に対して太陽とは対称の位置にもう1つの焦点が

ある。楕円上の任意の点から2つの焦点まで引いた線分の長さの和は常に一定となる性質がある。図表3- 4を例とすると、線分 S'B+SB=S'D+SD と表せる。

▶ 真核生物

細胞内に核をもつ生物。DNA は細胞核内で保護されている。

▶ シンクロトロン放射

磁場のある領域で電子などの荷電粒子が高速で運動すると、磁力線に巻きつくような運動を起こし、その際に、荷電粒子と磁場の相互作用で電磁波が放射される。このメカニズムで放射される電磁放射をシンクロトロン放射と呼ぶ。

▶ 新星と超新星

新星と超新星は、これまで見えなかった星が突然明るくなることから、「新しい星」という意味でこのような名前がつけられているが、その実体は全く異なる現象である。超新星は星が死を迎えたときの大爆発である。これに対して、新星は、連星系をつくる白色矮星に、他方の星からはぎ取られて降り積もったガスが、一時的に核融合反応を起こして明るくなる爆発現象である。したがって、新星の中には、くり返して明るくなるものもある。新星爆発のエネルギーは超新星爆発のエネルギーの 10 万分の 1 程度である。

▶ スイングバイ

天体の重力と公転速度を利

用して、探査機の飛行方向を変えるとともに、加速あるいは減速する方法。

▶ スーパーアース

系外惑星の探査が進むと、地球の数倍程度の質量をもつ惑星も見つかり始めた。そのような系外惑星をスーパーアースと呼ぶ。

▶ ステファン・ボルツマンの法則

黒体放射（熱放射）する物体が単位時間に放射するエネルギー（光エネルギー）の量は、物体の表面温度の 4 乗と物体の表面積の積に比例するという法則。したがって、半径が r で表面温度が T の星の場合、星が黒体放射を放射していると仮定すると、星の光度 L は $L = 4 \pi r^2 \sigma T^4$ で表される。ここで σ は定数で、ステファン・ボルツマンの定数と呼ばれる。

▶ 西矩→東矩

▶ 青色超巨星

太陽の数十倍の質量をもつ星は、非常に巨大（超巨星）で、表面温度も高い（青白い）ため、青色超巨星と呼ばれる。

▶ 星団と星落（アソシエーション）

多数の星が狭い領域に存在し、重力的に結びついているものを星団という。数十～数百個程度の星の集団を散開星団、数万～数十万個の星の大集団を球状星団という。星落（アソシエーション）は、十～百個程度の

若い星が比較的広い範囲に存在しているもので、星同士の重力的な結びつきは弱い。いずれにせよ、同じガスから、ほぼ同時に生まれた星の集団である。

▶ セイファート銀河

銀河の中心核から非常に強い放射が出ているものを活動銀河中心核という。その活動銀河中心核を宿す銀河の一種が、セイファート銀河である。クェーサーに比べると、活動銀河中心核からの放射の強さは、ずっと弱い。しかし、近傍の銀河の多くに見られるものである。

▶ 西方最大離角→東方最大離角

▶ 絶対等級

モノの明るさは、距離の2乗に反比例する。距離が2倍遠く離れると、4分の1、3倍離れると9分の1、10倍離れると100分の1となる。つまり、見かけの明るさでは、星本来の明るさはわからない。そこで、本当の明るさを知るために、星を10パーセク（32.6光年）の距離においたときにどういう明るさ（等級）になるかを求める。これが、星の明るさの絶対値となる絶対等級である。

▶ 双極磁場

棒磁石にせよ馬蹄形磁石にせよ、磁場は常にN極とS極が対で存在するが、棒磁石のようにN極とS極が対称に位置して磁力線がきれいな弧を描く磁場を双極磁場と呼ぶ。地球磁場も

双極磁場になっている。

▶ た行

▶ 太陽圏

太陽磁場の影響や太陽風の及ぶ太陽系の範囲。少なくとも太陽から150億km（100天文単位）のところまでがその範囲と考えられる。

▶ 太陽定数

地球軌道で太陽に垂直な面に入射する太陽エネルギーの量。毎分1 cm^2 あたりに2カロリーになる。SI単位系に換算すると1 m^2 あたり1.4 kWになる。

▶ 太陽風

太陽から吹き出してくる電気を帯びた粒子（プラズマ）の流れ。主に水素やヘリウムの原子核や電子からなる。

▶ 太陽面通過

原始太陽系円盤から一緒に誕生した惑星は、太陽を中心にしてみなほぼ同じ平面上を公転している。そのために起きる現象がある。地球よりも太陽に近い水星・金星は、ときどき地球から見ると太陽と重なって見えることがあるのだ。つまり、太陽の前を横切っていく。これを太陽面通過という。厳密には完全に同じ平面上を公転しているわけではないので、頻繁には起きない。

金星の太陽面通過 © 国立天文台

▶ 楕円銀河

銀河を構成する星が球状、もしくは楕円体状に分布する銀河で、地球から見ると真円のように見えるものから、かなり扁平に見えるものまである。一番扁平なものは、長軸と短軸比が 1:0.3 になる。完全に球形であれば真円に見えるが、真円に見えたとしても、完全球形かどうかはわからない。渦巻銀河との大きな違いは円盤成分をもたないことである。

▶ 直接撮像法

系外惑星は、明るい恒星のごく近くにある暗い天体である。したがって、その姿をとらえるためには、そばにある明るい恒星からの光が邪魔となる。そこで、明るい恒星からの光を遮って、いわば人工日食を起こせば、近くの惑星を見ることができる。このような方法を使って系外惑星をとらえるのが直接撮像法である。

▶ 天文単位
(astronomical unit)

太陽–地球間の平均距離を1とする長さの単位。1天文単位は約1億4960万km。記号では au と表記する。主に太陽系内の距離に使うことが多い。

▶ 電離

通常の物質をつくる原子や分子は、プラスの電気をもつ原子核と、マイナスの電子をもつ電子によって構成されるが、放射エネルギーや運動エネルギーを得て、電子が放出されることがある。この現象を電離という。星間空間では、輝線

星雲や惑星状星雲などのガスは電離している。また、完全電離のガスをプラズマ、放出された電子を自由電子と呼ぶ。

▶ 同位体

原子は原子核と電子から構成されている。原子核はさらに陽子と中性子からなる。同じ元素でも中性子の数が異なる原子があり、それらを同位体（アイソトープ）という。例えば、酸素は陽子の数は8個だが、中性子の数が8、9、10個つまり質量数が16、17、18の同位体が存在する。地球では酸素16の存在比が99％と最も多い。中性子の数が異なっても、同位体の化学的性質はほとんど変わらない。

▶ 東矩（西矩）

地球から見たときに外惑星が太陽から東側に90°離れて見えるときを東矩、西側に90°離れて見える時を西矩という。外惑星は東矩の頃は夕方に南中し、西矩の頃は明け方に南中する。

▶ 東方（西方）最大離角

最大離角とは、地球から見て内惑星が太陽から最も離れたときのことをいう。太陽に対して東に最も離れたときを東方最大離角といい、日の入り後の西の空で内惑星が見える。太陽に対して西に最も離れたときを西方最大離角といい、日の出前の東の空で内惑星が見える。水星の最大離角は約18°〜27°金星は約45°〜47°の範囲で変化する。最大離角の頃の内惑星は、太陽光が真横から当たって見えるので

半月状に欠けている。

▶ ドップラー法

光は電磁波と呼ばれる一種の波なので、光源が観測者に近づくときには光源から発した光の波長は短くなり、遠ざかると、波長は長くなる。これを（光の）ドップラー効果と呼ぶ。惑星が親星の周りを公転運動すると、親星も惑星との共通重心の周りをわずかに公転する。このわずかな公転運動を、ドップラー効果を利用してとらえることで系外惑星を探査する方法をドップラー法、もしくは視線速度法とも呼ぶ。

▶ トランジット法

系外惑星が恒星の前面を通過する際にわずかに暗くなる減光を観測して系外惑星を検出する方法。減光の割合や減光時間から惑星の大きさなどが求められる。小型望遠鏡でも観測可能なため、世界中で多くの探査観測がなされている。

● は 行 ●

▶ パーセク（parsec）

宇宙での距離の単位で、1パーセクは3.26光年。記号ではpcと表記する。

▶ 白色光と単色光

赤から紫までの可視光すべてが合わさった光を白色光という。太陽光は白色光で、プリズムなどによって虹のスペクトルに分解できる。これに対してレーザー光などは特定の波長の光だけからなり、これを単色光と呼ぶ。

▶ 白色矮星

白色矮星は、質量が太陽の8倍以下の恒星が死を迎えるとき、中心部に残される天体である。表面温度はおよそ1万Kで、星の色としては白色である。質量が太陽質量程度であるにもかかわらず、半径は太陽のおよそ100分の1（地球程度）の大きさである。白色で非常に小さな星という意味で「白色矮星」と呼ばれる。白色矮星は、1cm^3（角砂糖1個くらいの大きさ）あたりの質量がおよそ1t（乗用車1台分くらいの質量）の超高密度の天体である。内部で核融合反応は起こっておらず、内部に蓄えられた熱によって輝いている。超高密度のため内部の熱はなかなか冷めず、数十億年の間、輝いていることができる。

▶ はくちょう座 X-1

最も有名なブラックホール天体が、はくちょう座で強いX線を放っている、はくちょう座X-1である。
1971年にはくちょう座X-1が発見されたとき、非常に強いX線を放射している天体の位置には、9等星の青い星HD226868が存在していた。光の分析から、この星が光では見えない別の天体と5.6日の周期でお互いの周りを回っていることが判明した。HD226868自体は、その特徴から太陽の約30倍の質量をもっていると推測され、見えない天体の質量は太陽の約10倍だと見積もられた。質量の大きさ、光では見えないこと、X線の強さが1000

分の1秒くらいの非常に短い時間で変動していること、その他、様々な証拠から、はくちょう座 X-1 は、太陽の約10倍の質量をもつブラックホールだと認定されている。

© 大阪教育大学

▶ ハビタブルゾーン（生命居住可能領域）

惑星上で水が液体として存在できる、親星からの距離の範囲を、（星の周りの）生命居住可能領域と呼ぶ。恒星周辺の惑星で、親星に近いと熱すぎ、遠いと寒すぎるので、生命が存在できない。ただし、ハビタブルゾーンの厳密な定義があるわけではなく、温室効果の影響なども考慮する必要がある。さらに、ガス惑星のまわりの衛星のハビタブルゾーンなども考えられている。

▶ 光の波長

光は電磁波の一種で波の性質をもつ。この波形の最小単位の長さを波長という。電磁波は波長域ごとに短い方からガンマ線・X線・紫

外線・可視光線・赤外線・電波と呼ばれる。我々人間が目に感じる、波長がおよそ 400 nm の紫から 700 nm の赤までの光を可視光という。

▶ ビッグバン

宇宙誕生時の超高温で超高圧、超高密度の火の玉状態を指す。さらにそのような火の玉状態で始まった宇宙をビッグバン宇宙と呼ぶ。ジョージ・ガモフ（1904 ～ 1968）が1946 年頃に提唱した。

▶ フォンノイマンマシン

もう少し科学技術が進めば、機械的なロボット（マシン）が、自分の設計図をもとに自分自身と全く同じロボットを作ることが可能になるだろう。そのような自己複製するマシンを提唱者フォン・ノイマンにちなんで、フォンノイマンマシンと呼ぶ。太陽光などのエネルギーで動くフォンノイマンマシンは生物なのだろうか？

▶ フライバイ

天体のそばを高速で通り過ぎること。2006 年 1 月 19 日に打ち上げられた冥王星探査衛星ニューホライズンズは、2007 年 2 月 28 日に木星でスイングバイして加速した後、2015 年 7 月 14 日に冥王星をフライバイした。

▶ プラズマ

原子核と電子が結びついた中性状態の気体に対して、電子が原子から電離した状態の気体。電離気体とかプラズマガスとも呼ぶ。水素ガスの場合、約 4000 K で

プラズマになる。

▶ 分子雲

水素ガスのほとんどが水素分子になっている星間雲。分子雲では、水素分子以外の色々な分子も観測されることが多い。

▶ 放射線

放射線とは、電磁波（ガンマ線、X線、紫外線）と粒子線（α線、β線、中性子、陽子）を合わせた総称である。

▶ ホットジュピター

ペガスス座 51 番星で見つかった系外惑星は、親星からわずか 700 万 km しか離れていない軌道を公転している木星の約半分の質量の巨大ガス惑星だった。親星に近いと、親星に照らされて高温状態になっていると想像されるため、このようなタイプの系外惑星をホットジュピター（灼熱木星）と呼ぶ。また同様に、親星の近くを回っている海王星程度の質量をもつ系外惑星をホットネプチューン（灼熱海王星）と呼ぶ。

▶ ホモキラリティー

3 次元の物体が鏡像対称性をもつ性質をキラリティー（掌性）と呼ぶ。ギリシャ語の手が語源。アミノ酸などのように、キラリティーをもつ分子をキラル分子という。L型アミノ酸のように、キラル分子のうち、片方の鏡像異性体だけに偏っていることを、ホモキラリティーと呼んでいる。

▶ マルチプラネット

系外惑星の中には、親星の
まわりを複数の惑星が回って
いることが発見されたものもあ
る。惑星が複数ある場合をマ
ルチプラネット（多重惑星系）
と呼ぶ。

▶ モルニア軌道

人工衛星の軌道の1つで、
近地点高度500 km、遠地
点高度4万km、軌道傾斜
角63°、軌道周期12時間
とする楕円軌道。この軌道
をとる衛星をモルニア衛星と
呼ぶ。全土が高緯度地域で
あるロシアの天頂付近に常
時衛星を配置するために考
案された軌道で、数機の衛
星を、間隔をあけて配置する
ことで、常に天頂付近で衛
星を利用することができる。

▶ 有機物質

炭素原子を分子構造の中心
とする有機化合物を主体と
する物質。なお、炭素原子
を含む物質でも、一酸化炭
素や二酸化炭素やダイヤモ
ンドは無機化合物に分類さ
れる。

▶ ゆらぎ

空間や時間をある範囲に限
定したとして、その場所で、

あるいは、その時間で、ある
物理量が一定の値と思って
も、完全には一定の値にな
りきらず、わずかな増減を
不規則に繰り返す。これを
「ゆらぎ」という。その値を
乱すどんな要因を取り除い
たとしても、自然界には不
可避な「ゆらぎ」が存在する。
これは自然のもつ性質だと
考えられている。宇宙も、
ある種のゆらぎが偶然成長
し、生まれ出たものではな
いか、と考えられている。

▶ ユリウス暦

古代ローマで使われていた太
陽暦（ユリウス暦）で、1年
を365.25日とする暦。季節
と暦のずれは4年に一度閏
日を挿入することで調整する。
当時は年初（1月1日）を
春分の頃（現在の3月）に
おいていたので閏日は年末に
挿入され、その名残が現在も
2月に閏日が挿入される形で
残っている。

▶ （地球−月系の）ラグラ
ンジュ点

地球と月の近傍の空間に置
かれて、地球や月とともに地
球の周りを回転している物体
には、地球からの重力と月か
らの重力の他、回転に伴う
遠心力が働く。地球の近くで
は地球の重力が優るし、月の
近くでは月の重力が優ってい
る。また地球と月の両方から
離れた場所では、遠心力が
優ることになる。その結果、
地球−月系の周りの空間に
は、地球の重力、月の重力、
そして回転の遠心力の3つ
の力の釣り合った、力学的な

平衡点が5つ存在する。そ
れらの平衡点をフランスの数
学者／天文学者ジョセフ・ル
イ・ラグランジュ（1736〜
1813）にちなんで、ラグラン
ジュ点と呼ぶ。L1からL5ま
である。地球−月系のラグ
ランジュ点のうち、月軌道上の
L4やL5は、スペースコロニ
ーを置くのに適している。

▶ 留→順行

▶ ワームホール

ブラックホールといえば、す
ぐ出てくるのが、ホワイト
ホールとワームホールだろ
う。「ホワイトホール」は、
ブラックホールの時空構造
を時間反転したような天体
で、原因と結果の間に成り
立つ因果律を破ることなど
から、現実の宇宙には存在
しないと考えられている。ブ
ラックホールが時間的な一
方通行の境界をもつ時空構
造なのに対し、「ワームホー
ル」は空間的な連結構造を
もつ天体で、理論的には存
在可能だとされているが、ま
だ観測的な検証はない。

▶ 惑星質量天体（浮遊惑星）

褐色矮星よりもさらに軽く、
暗い天体。惑星と同じよう
な質量をもつが、親星とな
る恒星の周りを周回せずに
単独で存在する天体であ
る。従来の分類では褐色矮
星にも惑星にも当てはまら
ず、まだ統一的な呼び名は
決まっていない。星が誕生
する領域（図表4-3）で多
数見つかってきているが、そ
の詳しい正体は謎だらけだ。

執筆者一覧 (五十音順)

大朝由美子.........4、10 章担当　　埼玉大学教育学部／大学院理工学研究科天文学研究室准教授

株本訓久.............8 章担当　　武庫川女子大学生活環境学部准教授

沢　武文.............5 章担当　　愛知教育大学名誉教授

富田晃彦.............7 章担当　　和歌山大学教職大学院教授

福江　純.............1、10 章担当　　大阪教育大学名誉教授

政田洋平.............2 章担当　　愛知教育大学教育学部准教授

松村雅文.............6 章担当　　香川大学教育学部教授

室井恭子.............3 章担当　　元国立天文台天文情報センター広報普及員

吉富　進.........9 章担当　　（一財）日本宇宙フォーラム特別顧問・宇宙政策調査研究センターフェロー

有限責任事業組合 京都虹光房....各章中扉・冒頭グラビア担当

監修委員 (五十音順)

池内　了.........総合研究大学院大学名誉教授

黒田武彦.........元兵庫県立大学教授・元西はりま天文台公園園長

佐藤勝彦.........日本学術振興会 学術システム研究センター所長・東京大学名誉教授

沢　武文.........愛知教育大学名誉教授

柴田一成.........京都大学大学院理学研究科附属天文台教授

土井隆雄.........京都大学特定教授

福江　純.........大阪教育大学名誉教授

藤井　旭.........イラストレーター・天体写真家

松井孝典.........千葉工業大学惑星探査研究センター所長・東京大学名誉教授

吉川　真.........宇宙航空研究開発機構准教授・はやぶさ 2 ミッションマネージャ

JCOPY ＜出版者著作権管理機構 委託出版物＞

本書の無断複製は著作権法上での例外を除き禁じられています。複製される場合は、そのつど事前に、出版者著作権管理機構（電話 03-5244-5088、FAX 03-5244-5089、e-mail: info@jcopy.or.jp）の許諾を得てください。

図表7-1　M 49／図表7-2　M 74／図表7-3　M 95／図表7-4　NGC 4251／図表7-5　M 31 area／図表7-7　NGC 520／図表7-8　M87, M86, NGC 4623, M 85, M 104, M 88, M 99, NGC 2983, M 91, M 109／図表7-11　M 33／図表7-12　NGC 6822／図表7-13　M 81-M 82-NGC 3077 area／図表7-14　M 65-M 66-NGC 3628 area／7章コラム図表　NGC 4038/4039、NGC 4676

　これらは、DSS（Digitized Sky Survey ディジタイズド・スカイ・サーベイ）のウエブ・サイトを活用した。図のキャプションあるいは本文中の説明に DSS と記してある。DSS は宇宙望遠鏡科学研究所（STScI; Space Telescope Science Institute; http://www.stsci.edu/）が運営している。DSS 画像のうち、POSS-I サーベイと呼ばれるサーベイによる画像を利用した。これらの画像はパロマー天文台と宇宙望遠鏡科学研究所が版権を持っている。国立天文台が DSS のミラー・サイトを持っている（http://dss.nao.ac.jp/）。この国立天文台のサイトでは、DSS Wide-Field（広視野）というサービスも提供している。本書で DSS-Wide と記した図表7-5、7-13、7-14 は、このサービスも利用して得た画像である。

　Use of this Starfield image reproduced from the Digitized Sky Survey © AURA is courtesy of the Palomar Observatory and Digitized Sky Survey created by the Space Telescope Science Institute, operated by AURA, INC. for NASA and is reproduced here with the permission from AURA/STScI.

図表7-18：Humason M. 1936 The Astrophysical Journal 83, 10, plate III を改変。

版 権 所 有
検 印 省 略

天文宇宙検定　公式テキスト 2021〜2022年版
2級 銀河博士

天文宇宙検定委員会　編

2021年7月30日　初版1刷発行

発行者　　　片岡　一成
印刷・製本　株式会社シナノ
発行所　　　株式会社恒星社厚生閣
　　　　　　〒160-0008
　　　　　　東京都新宿区四谷三栄町3番14号
　　　　　　TEL　03（3359）7371（代）
　　　　　　FAX　03（3359）7375
　　　　　　http://www.kouseisha.com/
　　　　　　http://www.astro-test.org/

ISBN978-4-7699-1667-3 C1044

（定価はカバーに表示）